# RECHERCHES EXPÉRIMENTALES

## SUR

# L'HYBRIDITÉ

## DANS

## LE RÈGNE VÉGÉTAL

PAR

## D.-A. GODRON

NANCY

# RECHERCHES EXPÉRIMENTALES

# SUR L'HYBRIDITÉ

## DANS LE RÈGNE VÉGÉTAL

*(Extrait des Mémoires de l'Académie de Stanislas, 1862.)*

C.

NANCY, imprimerie de Vᵉ RAYBOIS, rue du faub. Stanislas, 3.

# RECHERCHES EXPÉRIMENTALES

SUR

# L'HYBRIDITÉ

DANS

## LE RÈGNE VÉGÉTAL

PAR

### D.-A. GODRON

Docteur en Médecine et Docteur ès Sciences
Doyen de la Faculté des Sciences de Nancy, Directeur du Jardin des Plantes
Chevalier de la Légion d'honneur
Correspondant du Ministère de l'Instruction publique
Ancien Directeur de l'Ecole de Médecine de Nancy, Ancien Recteur à Montpellier
et à Besançon

## NANCY

Vᵉ RAYBOIS, IMPRIMEUR DE L'ACADÉMIE DE STANISLAS

Rue du faub. Stanislas, 3

1863

# RECHERCHES EXPÉRIMENTALES

# SUR L'HYBRIDITÉ

## DANS

# LE RÈGNE VEGÉTAL

---

J'ai consigné dans ce mémoire les observations qu'il m'a été donné de faire sur les hybrides végétaux au double point de vue de leur fécondité et de la perpétuité ou non perpétuité de leurs caractères, et j'y ai relaté les expériences de fécondation artificielle, auxquelles je me suis livré depuis dix années, en indiquant avec détail ceux des résultats obtenus, qui sont de nature à jeter quelque lumière sur l'une et sur l'autre de ces deux questions importantes et à éclairer la théorie de l'hybridité. Je n'ai emprunté aux travaux publiés jusqu'ici sur ce sujet qu'un petit nombre de faits, trop importants toutefois, pour pouvoir être négligés. J'ai suivi l'ordre des questions posées par l'Académie des Sciences (1) et je me suis principalement appuyé sur l'expérience pour les résoudre. J'en aborde la discussion sans autre préambule.

*Dans quel cas les hybrides végétaux sont-ils féconds par eux-mêmes ?* — Il résulte des expériences assez nombreuses de fécondations artificielles que j'ai entreprises, spécialement sur les espèces des genres *Verbascum, Primula, Nicotiana, Digitalis, Antirrhinum, Linaria, Ægilops,* que, lorsque deux espèces, *incontestablement distinctes*, sont fécondées l'une par l'autre, elles donnent des produits constamment stériles, si ces produits de première fécondation ou hybrides simples, comme les nomme Kœlreuter, sont séparés de leurs parents au moment de la floraison.

Pour obtenir cet isolement de mes hybrides, j'ai l'habitude de les élever dans un enclos spécial du jardin des plantes de Nancy, et ils se trouvent ainsi éloignés de leurs ascendants cultivés dans l'école de botanique.

Mes hybrides, lorsque leur taille n'est pas trop éle-

---

(1) Il s'agit des questions posées pour le grand prix des sciences physiques décerné en 1862. Ce mémoire, qui a obtenu à ce concours une mention très-honorable, a été adressé à l'Académie des Sciences en décembre 1861. Je n'ai rien changé à sa rédaction primitive, me réservant de publier plus tard le résultat de mes expériences de 1862, et d'y ajouter les faits que je pourrai constater en 1863 et dans les années suivantes.

vée, sont cultivés dans des pots (1), que je fais enterrer dans le sol de mon enclos, pour pouvoir au besoin les transporter dans une orangerie, à un moment donné, de manière à les isoler d'une manière plus absolue et aussi pour procéder avec plus de facilité aux manœuvres d'une nouvelle fécondation artificielle.

Mes hybrides simples de Digitales et notamment les *Digitalis purpureo-lutea, purpureo-ochroleuca* et *ochroleuco-lutea*, ont fleuri pendant plusieurs années, sans jamais produire une seule graine. Mes *Verbascum* hybrides de première génération, mes *Linaria striato-vulgaris* et *purpureo-genistæfolia*, mes *Primula variabilis, Nicotiana paniculato-rustica* ne se sont pas montrés plus féconds. Il en a été de même de mes *Ægilops triticoïdes*, que je produis tous les ans. Toutes ces plantes hybrides, ainsi préservées de l'influence de leurs parents, se sont toujours montrées stériles. Je reviendrai plus loin avec détails sur quelques-uns de ces faits en les rapprochant des résultats de la contre épreuve : ils n'en deviendront que plus saillants.

Ces hybrides simples sont souvent susceptibles de

(1) J'agis de même, lorsque cela est possible, pour les plantes d'espèce pure, qui doivent subir une première fécondation hybride, ce qui permet, au moment d'exécuter cette opération, de placer la fleur à féconder à la portée de l'œil et de la main, sans gêne ni fatigue.

revevoir l'imprégnation du pollen de l'un des parents, lorsque cette poussière fécondante est déposée par la main de l'homme sur leur stigmate. Lorsque j'entreprends cette seconde fécondation artificielle sur la fleur d'un hybride, j'ai soin, si le pécondule s'y prête, d'entourer cet organe d'un fil légèrement ciré, rouge, noir ou jaune, de manière toutefois à ne pas produire de constriction nuisible ; ce signe me permet de retrouver toujours les fleurs soumises à cette opération et de suivre les progrès du développement de l'ovaire. La différence de couleur des fils m'indique si le pollen vient du père, de la mère ou d'une autre plante du même genre. Lorsque la fécondation réussit et que la plante en expérience a été tenue, depuis le commencement de la floraison éloigné de ses parents et des autres espèces congénères, je puis par ce procédé constater rigoureusement que les fleurs seules, qui ont subi cette seconde fécondation, fructifient et donnent des graines bien conformées.

Pour l'*Ægilops triticoïdes*, comme je ne puis passer un fil autour d'un pédoncule qui n'existe pas, je procède autrement pour reconnaître les fleurs fécondées. Je tronque avec des ciseaux la partie supérieure des arêtes de la glumelle. Ce sont aussi exclusivement ces fleurs d'une plante stérile par elle-même qui, fécondées de nouveau par le pollen du blé, donnent l'*Ægilops speltæformis*.

Or ces produits d'une nouvelle fécondation adulté-rine, ces quarterons végétaux, comme je les ai nom-més, sont indéfiniment fertiles. Je dois dire, toutefois, qu'ils le sont moins à la première génération que dans les générations suivantes ; mais il deviennent alors généralement très-féconds, à ce point qu'ils ne sem-blent pas différer, du moins sous ce rapport, des espèces légitimes. C'est là ce que j'ai observé sur les hybrides de Linaires, de Primevères, de Tabacs, d'*Ægilops*.

Tels sont les faits qui se sont produits sous mes yeux chez les plantes hybrides de première et de seconde fécondation, lorsque les sujets de ces expé-riences ont vécu éloignés des espèces légitimes qui leur ont donné naissance.

Je crois pouvoir conclure des résultats de ces expé-riences que la fécondité indéfinie des hybrides, placées dans les conditions que j'ai indiquées, reconnaît pour cause la seconde fécondation artificielle, à laquelle les hybrides primitifs et stériles par eux-mêmes ont été soumis.

Mais il est deux faits que nous ne pouvons passer sous silence, car ils ont été constatés par un habile expérimentateur et ils semblent infirmer les conclu-sions que nons venons de déduire de nos propres obser-vations. Je ne puis dès-lors me dispenser d'apprécier leur valeur.

M. Naudin (1) a fécondé le *Datura Tatula* par le pollen du *Datura Stramonium* et le *Datura Stramonium* par le pollen du *Datura Tatula*. L'opération a réussi dans l'un et l'autre cas et les pieds nombreux, provenant de ces fécondations artificielles, présentèrent des caractères presque intermédiaires entre les parents. Leurs fleurs furent très-fertiles dès cette première génération et leurs graines, semées l'année suivante, reproduisirent uniformément le *Datura Tatula*. C'est à l'atavisme que ce retour brusque est attribué ; nous l'admettons volontiers dans ce cas particulier, et nous nous réservons de revenir plus loin sur les limites dans lesquelles cette force physiologique exerce son action. Mais arrêtons-nous un instant sur ce fait, que les produits du premier croisement furent très-féconds et ce qui donne encore à ce fait plus d'importance, c'est la conviction où est M. Naudin, qu'il n'y a pas eu une seconde intervention du pollen des parents. D'après notre manière de voir, ce fait intéressant trancherait une question controversée. On peut se demander, en effet, si ces deux plantes constituent deux espèces, ce qui est l'opinion de Linné, ou bien si elles ne sont que deux races d'un même type spécifique, comme l'ont pensé Koch (2), Dunal (3) et beaucoup

(1) Naudin, dans les *Annales des Sciences naturelles*, sér. 4, t. 9, p. 259.

(2) Koch, *Flora germanica et helvetica*, éd. 2, p. 586.

(3) Dunal, dans le *Prodromus regni vegetabilis*, t. 13, p. 540.

d'autres observateurs ! Nous nous rangeons à cette dernière opinion, nous appuyant sur ce fait qu'il s'agit ici de plantes cultivées depuis des siècles, que ces deux formes végétales ne diffèrent l'une de l'autre que par la coloration des tiges, des nervures des feuilles et des corolles. Or la couleur est le premier caractère qui s'altère dans les plantes cultivées et cette modification n'est pas même rare dans les végétaux sauvages. Rappelons-nous, à ce sujet, le précepte de Linné (1) : *nimium ne crede colori.*

Je dois dire, toutefois, que M. Naudin signale à l'appui de son opinion, la végétation luxuriante qu'ont montré les produits de première génération et, ce qui en est une conséquence, leur floraison tardive. Ce sont là, en effet, deux circonstances qu'on observe souvent, mais non toujours (2), dans les vrais hybrides et qu'explique peut-être aussi le croisement de deux races aussi anciennes, que celles dont il est ici question (3). D'une autre part, admettre que deux espèces

(1) *Linnæi Philosophia botanica,* éd. 2, § 266.

(2) Les hybrides entre espèces de Digitales, de Primevères, etc., n'ont pas une stature plus élevée que leurs parents et commencent leur floraison en même temps.

(3) Un fait qui vient à l'appui de cette supposition, et prouve même plus, a été observé par M. Lecoq (*Bulletin de la Société botanique de France,* t. 9, p. 221). Ayant fécondé artificiellement des fleurs d'une variété de *Mirabilis Jalapa* par le pollen de la même variété pris sur un autre individu, les produits qui en résul-

distinctes ont produit des hybrides qui, de prime abord, sont devenus très-féconds , ce serait constater une exception bien grave à cette loi, qui a sa sanction dans les nombreuses expériences qui, depuis un siècle, ont été faites par Kœlreuter, Wiegmann, Gœrtner, etc., et par M. Naudin lui-même, que les hybrides simples sont stériles ou peu féconds. Nous allons même plus loin et nous pensons qu'ils sont absolument stériles par eux-mêmes. Les croisements entre deux races ou deux variétés donnent, au contraire, comme l'a établi Kœlreuter, et comme l'ont reconnu tous ceux qui ont marché sur ses traces, des produits aussi féconds que les espèces légitimes. Il y a plus, Kœlreuter a fait, il y a près d'un siècle, précisément la double expérience, dont il vient d'être question ; il a obtenu également des produits aussi féconds que les parents, ce qu'il attribue à ce que ces produits sont des bâtards de variétés, c'est ainsi qu'il les nomme (1). Cette fécondité, égale à

tèrent furent beaucoup plus robustes que leurs ascendants et leurs fleurs étaient plus grandes. (*Note ajoutée au moment de l'impression.*)

(1) Je crois devoir citer textuellement le passage de Kœlreuter, relatif au double croisement des *Datura Stamonium* et *Tatula : Ich erzog von dem XLV Vers. fünf, und von dem XLVI drey Pflanzen, die, als Bastartvarietäten, einander völlig ähnlich und noch ebenso fruchtbar waren, als zuvor. (Zweiste- Fortsetzung, etc. Leipsig, 1764, in 12, p. 125). Voyez aussi Fortsetzung 1763, p. 51, où il caractérise sa classe des Bâtards de variétés par leur fécondité absolue.*

celle des parents, caractérise donc les métis et nous offre un *criterium* certain pour distinguer ce qui est race ou variété de ce qui est espèce.

Le second fait, que nous devons au même expérimentateur, ne me semble pas non plus à l'abri d'objections sérieuses. Des fleurs de *Datura Stramonium*, préalablement privées de leurs étamines, reçurent sur leur stigmate du pollen de *Datura Ceratocaula*, plante très-éloignée de la première et qui, par son calice fendu latéralement, par son fruit charnu, s'ouvrant irrégulièrement et par mortification des tissus, enfin par ses graines nidulantes, présente des caractères d'une importance telle, qu'ils semblent suffisants, comme l'a pensé M. Spach (1), pour caractériser un genre plus solidement établi que beaucoup d'autres. Les deux seuls produits, qui soient résultés de cette expérience, ont été deux pieds de *Datura Stramonium* très-féconds (2). S'il y a eu fécondation par le pollen du *Datura Ceratocaula*, les deux individus qui sont nés de cette expérience, n'auraient donc conservé aucune trace appréciable de leur origine paternelle. Ce fait constituerait une exception unique à tout ce qui a été observé jusqu'ici et, cependant, les lois qui régis-

(1) Spach, *Végétaux phanérogames*, t. 9, p. 68. Il s'agit du genre *Ceratocaulos*.

(2) Naudin, dans les *Annales des sciences naturelles*, sér. 4, t. 9, p. 261.

sent les hybrides doivent être générales comme toutes les autres. Je me permettrai d'émettre ici des doutes, non pas sur les faits eux-mêmes, le témoignage de M. Naudin nous suffit à cet égard, mais sur l'interprétation qu'il a donné à ces mêmes faits. Je suis porté à croire qu'il y a eu ici tout simplement fécondation de quelques ovules du *Datura Stramonium* par le pollen propre et d'autant plus que ce fait se montre très-fréquemment dans les expériences d'hybridation par pollen étranger qui échouent.

C'est ainsi, qu'après avoir obtenu l'*Ægilops triticoïdes* en fécondant l'*Ægilops ovata* par le pollen du blé, j'ai essayé, d'après le conseil que voulut bien me donner, à cette époque, M. Bronguiart, d'obtenir l'hybride inverse. Des fleurs de *Triticum vulgare*, privées de leurs étamines avant l'ouverture des anthères, ont reçu du pollen de l'*Ægilops ovata*, ces fleurs ont été marquées par la troncature de l'arrête de la glumelle et il m'a toujours été facile de les reconnaître à ce signe au moment de la maturité. Bien que cette expérience ait été renouvelée, sur différentes races de blé, pendant cinq années consécutives, que j'aie chaque fois obtenu des graines fertiles des fleurs fécondées artificiellement, toujours ces graines m'ont donné des pieds de blé complétement semblables à la variété de cette céréale, qui avait servi à l'expérience. J'ai conclu de ces faits, et je crois devoir persister dans cette idée, que le pollen de l'*Ægilops* a été impuissant et que les fleurs châtrées ont été fécondées par le pollen des fleurs de blé voisines. J'ai observé plusieurs fois des faits analogues, dans les tentatives que j'ai faites pour féconder le *Digitalis ochroleuca* par le *Digitalis purpurea*, des *Verbascum* les uns par les autres, etc., et enfin en 1860 j'ai voulu de nouveau féconder le *Petunia violacea* par le pollen du *Petunia nyctagyniflora*, j'ai obtenu de quelques fleurs des graines, qui en 1861 ont reproduit le *Petunia violacea* type.

Je crois dès lors devoir maintenir les conclusions que j'ai énoncées plus haut, savoir : que les hybrides simples, provenant de deux espèces incontestablement distinctes, sont inféconds par eux-mêmes et ne deviennent fertiles que par l'effet d'une seconde hybridation.

Ce premier point établi, il est facile d'expliquer ce qui se passe chez les hybrides simples, abandonnés à eux-mêmes et qui sont cultivés à proximité de leurs parents ou, mieux encore, lorsqu'ils entrelacent leurs remeaux avec eux.

Des pieds de *Linaria purpureo-genistæfolia*, que j'ai obtenus en 1858, m'ont tous présenté des fleurs uniformes, de la grandeur de celles du *Linaria purpurea*, qui avait fourni le pollen, mais d'un pourpre douteux et mélangé d'une faible proportion de jaune ; les feuilles bien plus larges et plus courtes que dans l'espèce mâle et surtout sur les jeunes dra-

geons, rappelaient d'avantage celles du *Linaria genistæfolia*. Ces pieds, séparés des parents, se sont
montrés complétement stériles pendant cette première
année de leur existence. L'année suivante, ces mêmes
pieds ont été plantés pêle-mêle avec le *Linaria genistæfolia* dans l'école de botanique et à côté du
*Linaria purpurea;* de plus un ancien pied de *Linaria striata*, qui avait été arraché préalablement pour
faire place à notre hybride, mais dont les stolons
souterrains n'avaient pas été complétement enlevés,
a poussé vigoureusement au milieu de ces hybrides.
Le *Linaria purpureo-genistæfolia* m'a cette fois
donné un certain nombre de graines et, en 1860,
j'ai obtenu de ces graines de nombreuses variétés
de Linaires hybrides. Un pied est revenu assez franchement au *Linaria purpurea* et cinq au *Linaria
genistæfolia*, toutefois avec cette circonstance, qui
doit être notée, que les individus ayant fait retour aux
deux types primitifs ont atteint le premier 1 mètre 53
de hauteur et les cinq autres de 1$^m$ 50 à 1$^m$ 72. Cependant le terrain, où ils se sont développés, est loin
d'être de bonne qualité. Ces mêmes pieds ont conservé
une taille analogue en 1861. D'autres individus ont
montré à peu près les fleurs du *Linaria genistæfolia* (1), mais avec des feuilles étroites et une stature

(1) Quelques-unes de ces fleurs manquaient d'éperon et cet organe était remplacé par une bosse analogue à celle des *Antirrhi-*

moins élevée. Quelques-uns, se rapprochant plus ou moins, par les organes de la végétation du *Linaria purpurea*, nous ont donné les uns des fleurs aussi petites que ce type, d'autres des fleurs de moyenne taille, d'autres enfin des fleurs aussi grandes que celles du *Linaria genistæfolia*. Quant à la coloration de ces fleurs et indépendamment de leur grandeur relative, certains individus ont présenté des fleurs lilas ou bleues, quelques-uns des corolles d'un rose vif uniforme; mais la plupart ont produit des fleurs de couleur fausse, tenant du pourpre et du jaune mariés dans la même corolle et donnant lieu à une teinte briquetée. Mais ce qui m'a le plus frappé, ce sont les faits suivants : j'ai vu avec étonnement au milieu de nos autres hybrides, deux pieds dont les fleurs d'un jaune pâle avaient la lèvre supérieure et l'éperon nettement veinés de lignes violettes absolument disposées comme dans le *Linaria striata*. Enfin, deux autres pieds reproduisaient assez exactement dans tous leurs caractères le *Linaria striata*, seulement leurs tiges étaient beaucoup plus rameuses. Ces faits prouvent, ce me semble, qu'il y a eu aussi intervention évidente du pollen de cette dernière espèce.

On se demande, toutefois, comment cette intervention a pu s'exercer? Les fleurs de toutes les Linaires

*num;* leur corolle était personnée. Leurs graines ont donné des pieds à fleurs toutes éperonnées.

(si l'on en excepte le *Linaria minor DC*. auquel on attribue des lèvres entr'ouvertes) sont parfaitement closes. Comment le pollen du *Linaria striata* a-t-il pu parvenir jusqu'au stigmate de nos hybrides?

Les Linaires sont peut-être les végétaux que les Hyménoptères, surtout les Abeilles et les Bourdons de toute taille fréquentent avec le plus d'activité. Le liquide sucré, que secrète le nectaire de leurs fleurs, explique très-bien leur affluence continuelle sur ces plantes et l'avidité avec laquelle ils recueillent ce produit sucré. Mais les différents Hyménoptères ne procèdent pas tous de la même manière à la récolte du nectar. Les gros bourdons se fixent à la base de la fleur, percent la partie antérieure de la base de l'éperon et c'est par cette brèche qu'ils introduisent directement leur suçoir jusqu'au liquide dont ils sont si friands. C'est, comme l'on voit, le même procédé, depuis longtemps signalé par les naturalistes (1), que ces insectes appliquent aux Muffliers.

Les Abeilles et les petits Bourdons s'accrochent, au contraire, à la lèvre inférieure des corolles des *Linaria*, l'abaissent et s'introduisent dans l'intérieur du tube par la gorge devenue béante. Ces Insectes velus, en pénétrant et en s'agitant avec vivacité dans le tube des corolles, secouent les anthères, se chargent de

(1) M. P. Hubert, *Philosophical Transactions*, t. 6, p. 222 et Lacordaire, *Introduction à l'Entomologie*, t. 2, p. 462.

pollen qu'ils portent d'une plante à l'autre, mélangeant ainsi les formes hybrides et les ramenant à l'un ou à l'autre de leurs types primitifs, alors que ceux-ci végètent dans leur société.

Cette influence des Insectes sur la fécondation en général et sur l'hybridité en particulier, est bien connue et, si nous avons insisté sur ce point, c'est en raison de cette circonstance qu'offrent les corolles des Linaires d'avoir la gorge fermée, ce qui exclut toute idée qu'un autre agent de transport du pollen ait pu intervenir dans les fécondations dont nous parlons et ce qui simplifie jusqu'à un certain point les conditions de l'expérimentation.

Les observations auxquelles nos hybrides fertiles de *Linaria purpureo-genistœfolia* ont donné lieu en 1860, n'ont pas été moins remarquables, dans leur postérité. Les variétés et les retours au type sont devenus plus nombreux encore dans les semis que j'ai faits en 1861, des graines des principales variétés observées l'année précédente. J'ai procédé de la manière suivante : l'année dernière nos hybrides avaient été plantés dans des pots ; ces vases avaient été tous enterrés dans une même plate-bande où, faute de place, ils avaient été très-rapprochés les uns des autres. Parmi eux se trouvaient les individus revenus aux types paternel et maternel et au *Linaria striata* que j'ai indiqués plus haut. Leur végétation luxuriante entrecroisa bientôt leurs rameaux et pendant toute la durée de la floraison, les Hyménoptères vinrent en grand nombre les fréquenter. Ces plantes fructifièrent abondamment. J'eus soin de recueillir moi-même, pour chacune des variétés les plus saillantes, les graines d'une même grappe qui furent immédiatement mises à part, et sans aucun mélange, dans un cornet particulier, avec indication de la couleur et de la grandeur des fleurs, des principaux caractères des feuilles et de la tige de la variété qui a fourni la graine.

Chacun des cornets de graines, appartenant à une variété spéciale, fut au printemps de 1861 et sous mes yeux, semé à part dans un pot (1) et les individus ob-

(1) Si les expériences que je relate sont répétées, et je désire vivement qu'elles le soient, je dois signaler une précaution pratique fort importante, pour les rendre rigoureuses. Dans beaucoup de jardins botaniques on sème en pots, qui sont ensuite placés sur une couche chaude à côté les uns des autres et les intervalles qui restent entre eux sont remplis de terreau, précaution que nous avons négligé de prendre au jardin de Nancy depuis plusieurs années, comme à peu près inutile. On hâte par ce mode de semis la germination, ainsi que la végétation et l'on obtient des plantes en fleurs à l'époque des cours. Mais j'ai observé qu'en suivant cette pratique d'enterrer complétement les pots sur la couche, il arrive quelquefois que les graines peuvent être transportées d'un vase sur l'autre, lorsqu'on procède aux arrosements avec trop de brusquerie. Cela est sans inconvénient sérieux dans les cas ordinaires, mais lorsqu'il s'agit d'expériences de la nature de celles dont il est ici question, il est indispensable d'éviter cet inconvénient en séparant complétement les uns des autres dans la couche, les vases qui auraient les graines de variétés provenant d'une même origine hybride.

tenus furent mis en masse en pleine terre, de manière à ce que les descendants d'une même variété formassent un groupe nettement limité. Je dois ajouter que les pieds, qui ont fourni les graines ont été numérotés et conservés pour rendre la comparaison avec eux plus facile et plus rigoureuse.

*Premier groupe.* — Les graines étaient celles d'une grappe appartenant à l'un des cinq *Linaria* gigantesques, revenus ou à peu près au type du *Linaria genistæfolia* et dont nous avons parlé précédemment. Les différents pieds provenus de ces graines nous ont montré d'abord ce même type, dont quelques individus avaient conservé la stature élevée et d'autres avaient une taille égale ou peut-être un peu inférieure à celle qui est habituelle au *Linaria genistæfolia* d'origine pure. Un pied, intermédiaire pour sa hauteur aux deux formes précédentes, n'en différait, du reste, que par ses grandes fleurs blanches.

*Second groupe.* — Les graines furent recueillies sur une grappe, dont les fleurs de moyenne grandeur étaient d'un beau violet uniforme, avec l'éperon arqué, les feuilles allongées, étroites, atténuées à la base. Les résultats du semis ont été : 1° reproduction de la variété maternelle ; 2° individus à fleurs de moyenne grandeur, dont la lèvre supérieure est d'un pourpre brun et la lèvre inférieure d'un jaune brunâtre avec le

palais jaune ; éperon arqué ; feuilles allongées et étroites ; 3° individus à fleurs aussi grandes que celles du
*Linaria genistæfolia*, mais lilas, à lèvre supérieure
striée de violet comme dans le *Linaria striata*, à palais jaunâtre, à éperon droit ; feuilles allongées et étroites ; 4° individus de taille moyenne, à fleurs jaunes et
grandes, à éperon droit, à feuilles larges ; en un mot
cette forme reproduit sensiblement le type du *Linaria
genistæfolia*.

*Troisième groupe*. — Les graines proviennent
d'une variété à fleurs plutôt grandes que petites, d'un
rose vif uniforme, à éperon arqué, à feuilles longues
et étroites. Sont nés de ces graines : 1° des individus
reproduisant la variété maternelle ; 2° d'autres individus qui n'en différaient que par leurs fleurs plus petites, d'un rose pâle, à palais jaune ; 3° un pied à fleurs
moyennes et lilas ; 4° un autre à fleurs grandes et
blanches ; 5° deux autres enfin étaient au retour au
*Linaria striata*.

*Quatrième groupe*. — Les graines sont celles d'une
grappe dont les fleurs étaient grandes, d'un briqueté
jaunâtre pâle avec le palais jaune et bordé de brun, à
éperon droit, à feuilles un peu élargies. Des semis de
ces graines, j'ai obtenu : 1° le retour à peu près complet au *Linaria genistæfolia* ; 2° des individus à fleurs
grandes, d'un blanc jaunâtre, striées de violet sur la

lèvre supérieure, à éperon droit, à feuilles de largeur moyenne relativement à leur longueur ; 3° enfin des pieds à fleurs violettes, de moyenne grandeur sur certains pieds, petites sur d'autres.

Une seconde série d'observations du même genre a été faite concurremment ; elles confirment trop bien les précédentes pour n'en pas rendre compte. M. Naudin ayant eu l'extrême obligeance de m'adresser au printemps de 1860 des graines d'une autre Linaire hybride fertile, le *Linaria purpureo-vulgaris*, ces graines et leurs produits furent l'objet des mêmes soins et des mêmes observations que les précédentes. Ce que j'ai observé de particulier sur les hybrides de M. Naudin, c'est qu'ils ont montré à la suite de mon premier et de mon second semis (ce dernier fait en 1861) plus de tendance à revenir au type paternel, qui s'est reproduit dès la première année de mes semis ; mais le type maternel n'a pas reparu complétement ; je n'ai même obtenu qu'un seul pied à fleurs jaunes, plus petites que celles du *Linaria vulgaris*, plus longuement pédonculées, à grappe beaucoup plus lâche, à capsules petites et globuleuses (et non grosses et ovoïdes comme dans ce type).

J'ai recueilli également sur ces hybrides de M. Naudin, en 1860, et dans les mêmes conditions que précédemment, des graines de deux variétés principales, qui

semées, chacune à part, m'ont donné les résultats
suivants :

*Premier groupe.* — Les graines ont été fournies par
une grappe à fleurs moyennes, d'un violet bleuâtre
uniforme, à éperon presque droit ; feuilles allongées et
très-étroites. Les produits obtenus ont été : 1° reproduction de la plante mère ; 2° individus à fleurs moyennes, lilas, à éperon arqué, à feuilles moins longues et
moins étroites ; 3° un pied à fleurs jaunes, moyennes,
avec le palais plus foncé, à éperon droit (c'est la forme
exceptionnelle dont j'ai déjà parlé plus haut) ; 4° un
pied à fleurs petites, violettes, à éperon arqué.

*Second groupe.* — Les graines ont pour origine
une grappe à fleurs petites, rosées, à éperon arqué, à
feuilles longues et assez étroites. Elles ont donné :
1° des individus semblables à l'ascendant immédiat ;
2° des individus ressemblant suffisamment au *Linaria
purpurea* pour être considérés comme un retour à ce
type ; 3° des pieds à fleurs moyennes et violettes. Dans
toutes ces variétés l'éperon était courbé, les feuilles
étroites et longues.

Mais les nombreuses variétés, qui se sont montrées
dans les expériences précédentes et dans les deux séries d'hybrides soumises à notre observation, seraient-
elles réellement, comme nous l'avons supposé jusqu'ici

et comme semblent déjà suffisamment l'indiquer, dans l'une de ces séries, l'influence du *Linaria striata* et même le retour à ce type, le résultat de nouvelles fécondations croisées entre ces différents hybrides et leurs parents reproduits par retour, tous pourvus d'un pollen fertile et d'agents très-actifs de transport de cette poussiere fécondante? Ou bien doit-on les attribuer à une tendance naturelle aux variations devenue très-puissante sous l'influence de l'hybridation primitive? Enfin les retours aux types originaires seraient-ils le résultat de l'atavisme? Ces questions ont été posées et résolues dans des sens différents. Nous devions faire tous nos efforts pour arriver à une solution rigoureuse.

Nous avons eu recours à l'expérimentation directe et nous avons procédé de la manière suivante. Nos *Linaria purpureo-genistæfolia* ayant été, en 1860, plantées dans des pots assez grands, nous nous proposions d'en isoler quelques-uns, dans une orangerie parfaitement close, au moment où la floraison serait sur le point de commencer, de manière à soustraire à l'influence du pollen étranger transporté par les insectes et de les soumettre à l'action exclusive de leur pollen propre, jusqu'à ce que leurs premières fleurs, marquées d'un fil coloré, eussent leur ovaire parfaitement noué ; nous nous proposions également pendant la grande chaleur du jour de préserver nos plantes de l'action trop ardente des rayons solaires dans ce lieu clos et de leur donner de l'air pendant la nuit, pour assurer une bonne végétation. Cet isolement absolu n'a pu s'opérer de cette manière. Le premier vase, que j'ai sorti de terre pour le transporter dans l'orangerie, m'a présenté des racines qui sortaient assez longuement par l'ouverture inférieure du vase et la plante s'est bientôt flétrie et a fini par périr.

Je dus, pour continuer l'expérience, recourir à un nouveau procédé. Si mes plantes n'avaient pas été aussi rapprochées les unes des autres, j'aurais pu, sans les déplacer, former à chacune d'elles une cage parfaitement close avec cinq vitraux de couches, fixés les uns aux autres de façon à constituer avec le sol une cavité cubique, comme je l'ai fait dans d'autres circonstances et pour remplir un autre but. J'ai imaginé immédiatement le moyen suivant qui est simple et dont l'application est facile. J'ai fait fabriquer de larges manchons en tulle à mailles aussi larges que possible, mais assez étroites pour empêcher l'entrée des abeilles. Le manchon est maintenu ouvert par deux cercles en fil de fer fixés au tulle, écartés l'un de l'autre de 3 à 4 décimètres et dépassés en bas et en haut par le cylindre de tulle, de manière à ce que ces prolongements de l'étoffe puissent être liés au-dessus et au-dessous des cercles de métal et former ainsi une enveloppe complète. Ce manchon est destiné à isoler

une grappe de fleurs au moment de l'anthèse et jusqu'à ce que ce phénomène physiologique soit accompli
et que les ovaires soient développés, du moins sur les
premières fleurs marquées d'un fil et dont les graines
sont seules recueillies. Cette grappe est fixée préalablement par un lien à un tuteur solidement établi et
qui dépasse l'inflorescence d'un demi-mètre. Le tuteur
et la grappe sont introduits simultanément dans cet
appareil; son prolongement supérieur est froncé au-
dessus de la grappe autour du tuteur sur lequel une
ligature le fixe; le prolongement inférieur du tulle est
clos de la même façon au-dessous de l'inflorescence.
Il est très-utile, pour empêcher la concentration de la
chaleur dans l'intérieur de l'appareil ainsi appliqué,
de ménager, pendant les heures les plus chaudes de la
journée, un abri momentané et de plus le soir, lorsque
les insectes sont couchés, on détache le lien inférieur
du manchon, qu'on soulève et qu'on retourne comme
un doigt de gant; le bord inférieur devenu supérieur est fixé vers le sommet du tuteur, de manière
à placer pendant la nuit la grappe en expérience à
l'air libre (1). Je n'ai pas besoin d'ajouter que le
matin il faut rétablir l'appareil isolant dans son premier
état.

(1) Je conseille cette précaution, parce que j'ai observé que l'em-
prisonnement continu et prolongé d'une grappe de fleurs, nuit quelquefois à la fructification.

Trois grappes de nos *Linaria purpureo-genistæ-folia* ont été, en 1860, placées chacune dans un appareil semblable à celui que je viens de décrire, au moment où les premières fleurs allaient s'épanouir et, lorsque 5 ou 6 de ces fleurs furent défleuries, que leur ovaire par son développement indiquait d'une manière non douteuse la réussite de la fécondation, l'appareil fut enlevé, les fleurs à ovaire noué furent marquées par un fil coloré et abandonnées à l'air libre pour y compléter leur fructification.

Les trois variétés mises ainsi en expérience ont été soigneusement décrites sur le vif, une branche de chacune d'elles a été desséchée avec soin pour le cas où l'individu, dont une grappe était emprisonnée, soigneusement conservé du reste, viendrait à périr pendant l'hiver et ne pourrait pas lui-même servir de terme de comparaison. Le tuteur, la description, l'échantillon desséché et les graines ont reçu le même numéro.

Les principaux caractères de ces variétés étaient les suivants :

*Première variété.* — Fleurs grandes, jaunes, mais légèrement lavées de violet sur la lèvre supérieure, à éperon droit ; feuilles peu allongées et de largeur moyenne ; stature plus petite que celle des types primitifs de l'hybride.

*Seconde variété.* — Fleurs de moyenne grandeur,

d'un brun jaunâtre faux, avec la gorge jaune et l'éperon arqué; feuilles longues et étroites; stature assez élevée.

*Troisième variété*. — Fleurs petites, violettes, à éperon arqué; feuilles longues et étroites; tige de couleur un peu violacée; taille élevée.

Les graines recueillies sur chacune de ces variétés qui avaient été préservées par notre appareil de toute influence fécondatrice étrangère à elle-même, furent semées au printemps de 1861, en trois groupes distincts. Elles ont reproduit uniformément la variété dont ces graines provenaient. Ces faits servent de contrôle aux observations que nous avons relatées plus haut ou plutôt elles en constituent la contre épreuve. Dans nos dernières expériences, la tendance naturelle aux variations, pas plus que l'atavisme n'ont manifesté leur action et nous croyons pouvoir conclure que chez nos Linaires exposées aux influences polliniques voisines, les fécondations réciproques ont joué le rôle principal dans la production des variétés nombreuses que nous avons vus naître les unes des autres et dans les retours à l'un des types primitifs.

Ce n'est pas cependant que je veuille nier l'action de l'atavisme, ni la tendance aux variations, facultés physiologiques qu'on ne peut pas plus contester dans le règne végétal que dans le règne animal.

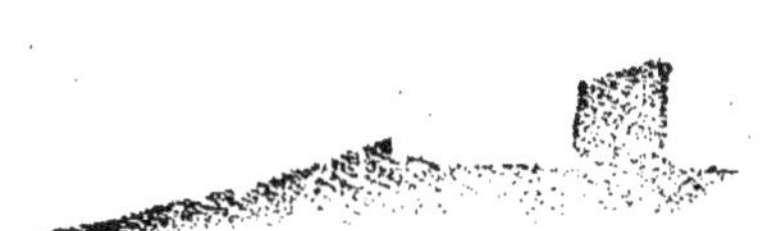

J'ajouterai même, en ce qui concerne la tendance aux variations, que je n'aurais pas été surpris d'observer quelques modifications dans les produits des graines développées, chez nos Linaires, par l'action du pollen propre et sans intervention d'aucune influence fécondatrice étrangère. Je devais presque m'y attendre, comme on va le voir. En effet, on se rappelle que nos hybrides de *Linaria purpureo-genistæfolia,* plus ou moins mélangés de *Linaria striata,* nous ont offert quelques particularités qu'on ne peut pas, ce nous semble, attribuer directement à l'influence des croisements. Elles ont surtout pour objet la coloration des fleurs. Si l'on peut rapporter la couleur franchement jaune ou franchement pourpre des corolles à l'un et à l'autre des deux types primitifs ; s'il en est de même encore lorsque certaines parties de la fleur sont les unes jaunes, les autres plus ou moins purpurines, ou lorsque ces deux couleurs se mêlent plus ou moins intimement pour donner ces couleurs fausses que j'ai signalées, il n'en est plus ainsi lorsque les fleurs ont une coloration qui n'a pas de rapport avec celle des deux espèces génératrices. C'est ainsi que j'ai obtenu des pieds à fleurs de la grandeur et de la forme de celles du *Linaria genistæfolia,* mais d'un blanc pur, si l'on en excepte le bord antérieur du palais qui a montré un liseré légèrement jaunâtre. D'autres nous ont offert des corolles d'un rose vif uniforme. Un pied nous a présenté des fleurs non moins élégantes que les précédentes dont la lèvre supérieure d'un rose vif tranchait sur la teinte d'un blanc pur du reste de la corolle. Enfin j'ai rencontré aussi des individus portant de belles fleurs d'un bleu d'azur (1). D'où viennent donc ces couleurs étrangères aux parents et qui ne s'expliquent pas non plus par le mélange du jaune et du pourpre ? On sait que la couleur des corolles varie, même à l'état sauvage ; mais c'est aussi un résultat bien constaté par l'expérience que, dans les plantes nouvellement soumises à la culture, la tendance aux variations se manifeste tout d'abord sur la coloration des fleurs, dont ensuite les teintes se nuancent souvent de mille manières sur les différents individus

(1) Ces trois dernières variétés ne seraient pas indignes d'être cultivées comme plantes d'ornement et pourraient être conservées pures, en les multipliant par boutures ou par drageons. Ces hybrides, même fertiles, ont l'avantage de fleurir jusqu'aux premières gelées, tandis que les Linaires d'espèce légitime sont ordinairement défleuries depuis longtemps.

Des graines recueillies sur une même grappe de chacune des deux variétés, l'une à fleurs roses, l'autre à fleurs d'un bleu d'azur, ont été semées en 1862 en partie au jardin des plantes, en partie chez M. Rendatler horticulteur à Nancy. J'ai obtenu de la première 27 variétés bien tranchées, et de la seconde 16, y compris, pour l'une comme pour l'autre des retours aux *Linairia genistæfolia*, *purpurea* et *striata*. Dans ces différents produits, quelques-uns montrent une tendance très-remarquable à l'ampliation de la fleur. Quelques variétés offrent aussi des grappes très-contractées et d'autres des grappes très-lâches. (*Note ajoutée en 1862.*)

d'une même espèce. L'hybridation répétée hâterait-elle
l'époque, où les plantes cultivées entrent en voie de
variation ? Cela nous semble probable. On sait, du
reste, que dans la pratique horticole, nos jardiniers
ont tiré et tirent journellement un grand parti de l'hybridation artificielle, pour augmenter la variété et la
beauté des plantes de nos parterres. Une étude plus
méthodique des croisements et des hybrides fertiles les conduirait sans doute à obtenir des succès
plus nombreux encore des pratiques auxquelles ils se
livrent.

Quant à l'atavisme, on en constate les effets assez
souvent chez les variétés de nos végétaux d'ornement
obtenues par la culture. Non-seulement leurs graines,
jetées hors des jardins et abandonnées aux conditions
de l'état sauvage, donnent des individus qui reviennent
assez rapidement au type primitif, mais, dans nos cultures mêmes, ne voit-on pas quelquefois, au milieu
d'un semis d'une variété ou d'une race, conservée pure,
en ne cultivant qu'une seule forme à la fois dans un
même jardin, comme je l'ai constaté pour certaines
belles variétés d'*Aster sinensis*, qu'après une ou plusieurs générations, on trouve dans sa postérité de rares
individus qui reproduisent soit une ancienne variété, soit
même le type primitif. Cela se voit aussi dans les Pavots, et ce fait est encore plus concluant que celui que
j'ai observé sur l'Aster de Chine, en raison de cette cir-

constance que dans les *Papaver* la fécondation se fait de très-bonne heure dans le bouton fermé et qu'on ne peut pas soupçonner ici l'effet de l'hybridité (1). Dans le Pavot d'ornement qui, dans nos jardins, offre de si nombreuses variétés, les graines d'une même capsule, comme je m'en suis assuré, semées dans un terrain où cette plante n'a pas antérieurement été cultivée, reproduisent habituellement et complétement la variété qui les a fournies; mais parfois cependant on observe un pied d'une autre variété ou un retour au type primitif, le *Papaver setigerum DC*, qui semble là comme étranger au milieu d'individus uniformes. Ici l'atavisme

---

(1) C'est en vain que, pendant plusieurs années consécutives, j'ai tenté de féconder les uns par les autres diverses espèces de Pavots, et cela dans le bouton plus ou moins jeune, mais avant l'anthèse des étamines et après castration. J'ai même pris plusieurs fois la précaution, pour éviter l'influence du pollen propre provenant des fleurs voisines, après avoir déployé et étalé avec soin les jeunes pétales pour pratiquer la fécondation artificielle, de les relever au-dessus de l'ovaire et de les y fixer par un lien modérément serré. Je n'ai pas même réussi à croiser le Pavot blanc de Perse à grosses capsules fermées par le pollen du Pavot de nos jardins à capsules petites, arrondies et ouvertes sous les stigmates dont le type est le *Papaver setigerum DC.* qui croît naturellement sur toutes les côtes de la Méditerranée et qui nous a donné tant de variétés d'ornement. Or, ces deux plantes sont cependant considérées, par la plupart des botanistes modernes, comme races d'une même espèce. Les anciens botanistes les avaient parfaitement distinguées et je me suis rangé à leur avis (Voyez mes notes sur la Flore de Montpellier, dans les *Mémoires de la Société d'émulation du Doubs*, pour 1854).

se comprend; il ramène la variété à un type plus ancien qui s'est peu à peu modifié; il refait en sens inverse ce qui s'était produit antérieurement et d'autant mieux qu'il n'y a pas ici, comme dans les hybrides d'espèces distinctes, d'élément étranger à annihiler.

Aussi nous n'hésitons pas, à l'exemple de M. Naudin, à attribuer à l'atavisme, le retour complet, dès la deuxième génération au *Datura Tatula* des produits qu'il a obtenus de l'union de cette plante avec le *Datura Stramonium*, puisqu'il s'agit ici de simples métis et non d'hybrides vrais, comme nous croyons l'avoir démontré plus haut. Ces plantes seraient donc revenues à leur forme originale, si le *Datura Tatula* est le type de l'espèce comme le suppose M. A. De Candolle (1). Le croisement des races favoriserait-il ce retour? Le rendrait-il plus prompt et plus facile? Les faits observés par M. Naudin semblent l'indiquer. Du reste, la moitié du chemin qui sépare la race du type, n'est-elle pas parcourue par l'effet d'un seul croisement?

Les choses se passent donc de la même manière chez les plantes et chez les animaux. Chez ces derniers, l'atavisme ramène quelquefois, après plusieurs générations, l'individu provenant d'une variété qui semblait assez constante, aux caractères différents que présentait l'un de ses ancêtres. Mais cela ne se voit pas pour

---

(1) Alph. de Candolle, *Géographie botanique raisonnée*, t. II, p. 733.

les hybrides animaux d'espèces distinctes ; la fécondation par l'un des types originaux peut seul opérer ce
retour. L'analogie des lois, qui régissent les deux rè-
gnes reçoit ici une nouvelle confirmation.

Du reste, pourquoi invoquer l'influence physiologique que l'on nomme atavisme, lorsqu'un agent plus
direct, plus palpable, nous explique .si simplement le
retour des hybrides à leurs premiers parents? Rappe-
lons que les hybrides simples sont constamment stériles, lorsqu'ils sont soustraits à l'action de leurs ascendants ; qu'ils deviennent quelquefois féconds lorsqu'ils végètent dans leur société et plus sûrement
encore lorsqu'ils sont soumis à une nouvelle fécondation artificielle par le pollen paternel ou maternel ;
qu'ils finissent enfin, comme nous avons pu le voir
dans nos expériences sur les hybrides de Linaires et
comme on l'a constaté sur des hybrides d'autres genres, par produire non seulement des variétés nombreuses, mais aussi des retours aux parents, double phénomène qui ne s'est pas produit dans des conditions
d'isolement, comme nos expériences l'ont montré?
Enfin faut-il aussi rappeler que c'est par des fécondations artificielles, renouvelées de génération en génération, par le pollen des parents, que Kœlreuter (1) et

(1) Kœlreuter, *Dritte Fortzetzung*, etc. ; Leipsig, 1766, in-12,
p. 51.

Wiegmann (1) ont ramené régulièrement à leurs deux types primitifs les hybrides de *Nicotiana* et d'*Avena*, sur lesquels ils ont expérimenté ? Il me semble que la démonstration est évidente et je crois pouvoir formuler la théorie de ces phénomènes de la manière suivante : *les fécondations successives par le pollen des parents jouent le rôle essentiel dans la fécondité des hybrides et le rôle principal dans la production des variétés ; les fécondations croisées par le pollen de ces variétés devenues indéfiniment fécondes donnent naissance à des variations nouvelles ; enfin les fécondations par le pollen des parents ou par le pollen des individus de retour, ramènent les variétés à l'un des types spécifiques qui sont intervenus.*

Ces conclusions sont confirmées, du reste, par d'autres faits qu'il nous reste à exposer et je commencerai par l'histoire d'un autre hybride de Linaires, qui a été de notre part l'objet d'observations, jusqu'ici bien moins complètes que les précédentes, mais qui ont aussi leur importance relative. En 1860, j'ai fécondé artificiellement le *Linaria vulgaris* par le pollen du *Linaria striata* après castration et j'ai obtenu de cette opération deux grosses capsules remplies de graines (2). Une partie de ces graines a été semée dans un

---

(1) Wiegmann, *Ueber die Bastardenzeugung im Pflanzenreiche*; Braunschweig, 1828, in-4°, p. 8.

(2) Ce *Linaria striato-vulgaris* se rencontre à l'état sauvage.

jardin potager, où ne croissait aucune espèce du même genre; l'autre partie des graines a été semée au jardin botanique et les pieds qui en sont provenus ont été plantés dans mon enclos, entre deux pieds des linaires adultérines fertiles, dont il a été question précédemment. Le premier semis a réussi comme le second et ses produits sont restés en place. J'ai obtenu dans l'un et l'autre cas des hybrides parfaitement semblables entre eux et intermédiaires aux parents. Mais les uns, préservés contre les chances d'une fécondation étrangère sont restés entièrement stériles; ceux de mon enclos du jardin des plantes, au contraire, m'ont donné sur leurs nombreux rameaux quelques capsules fertiles et j'y ai recueilli une cinquantaine de graines qui paraissent bien conformées et qui seront confiées à la terre au premier printemps. C'est donc encore par une seconde fécondation, opérée par l'intervention des insectes, que cet hybride simple et infécond par lui-même est devenu fertile.

Les hybrides de *Nicotiana* nous offrent aussi des faits remarquables. Le *Nicotiana paniculato-rustica* que

---

Mon ami, M. Soyer-Willemet l'a décrit comme une variété à grandes fleurs du *Linaria striata* et j'ai fait comme lui dans la deuxième édition de la *Flore de Lorraine* (t. 2, p. 73), après avoir observé cette plante vivante au milieu des parents; mais j'ai ajouté : *cette forme.... ne serait-elle pas un hybride de ces deux espèces?* Cette prévision est aujourd'hui confirmée par l'expérimentation directe.

nous avons obtenu par fécondation artificielle en 1859, s'est montré stérile lorsqu'il a été éloigné de ses ascendants ; mais les individus provenant des mêmes graines à peu près intermédiaires aux deux espèces et placés pêle-mêle avec des pieds de *Nicotiana paniculata* pur, nous ont donné quelques capsules peu développées dont les graines nous ont fourni des individus très-fertiles se rapprochant davantage de cette dernière espèce. Par une seconde fécondation artificielle opérée au moyen du pollen du *Nicotiana paniculata* appliqué à quelques fleurs de l'hybride simple, nous avons obtenu des résultats analogues à ceux qui s'étaient produits spontanément dans l'expérience précédente.

Des graines de *Nicotiana alato-Langsdorfii*, que M. Alex. Braun a eu l'obligeance de nous envoyer de Berlin, nous ont fourni des variétés à fleurs jaunes, d'autres dont la corolle étaient à l'intérieur d'un blanc jaunâtre, ou d'un blanc pur. Les feuilles ont varié aussi dans leur forme, les ailes de ces organes appendiculaires ont manqué sur certains individus, se sont montrés complétement sur d'autres, ou n'ont fourni qu'une légère ligne décurrente, ou se sont développés à demi. Deux de ces variétés dont les fleurs se sont épanouies et ont fructifié dans nos manchons de tulle, nous ont fourni chacune des graines qui ont reproduit en 1861 exactement la variété à laquelle elles appartenaient.

Deux formes enfin de *Nicotiana angustifolia-auriculata*, l'une à feuilles étroites, l'autre à feuilles larges, qui ont été soumises également au même mode d'isolement, ont fourni des graines qui, également en 1861, ont reproduit uniformément la variété maternelle. Les graines de cet hybride fertile nous avaient été adressées par M. Naudin.

Ces résultats ne sont du reste contredits en aucune façon par les expériences nombreuses faites sur les espèces de Tabacs par Kœlreuter, Wiegmann et C. Fr. Gœrtner. Mais ce qu'il y a de certain, c'est qu'en fécondant directement leurs hybrides simples de Tabacs, soit par le pollen de la mère, soit par le pollen du père, ils ont obtenu des hybrides de seconde génération ; et, qu'en fécondant de nouveau les hybrides sortis successivement, les uns des autres, Kœlreuter est parvenu à ramener le *Nicotiana paniculato-rustica* au type paternel et Wiegmann, le même hybride, au type maternel.

Je crois avoir le premier (1) signalé le *Primula variabilis Goup.*, qui se rencontre dans le bois de Malzéville, près de Nancy, comme un bâtard des *Primula acaulis* et *officinalis*, qui croissent en abondance dans cette localité. Tous les observateurs qui, depuis, se sont occupés de cette plante, un seul excepté

---

(1) Godron, *De l'hybridité dans les végétaux*; Nancy, 1844, in-4°, p. 21.

ont constaté comme moi l'association dont il s'agit et ont admis la nature hybride de cette plante qui, dans les bois, parait être le plus souvent stérile (1). Je l'ai, du reste, reproduite par la fécondation artificielle ; elle n'a pas fructifié, si ce n'est trois fleurs que j'avais soumises à une nouvelle fécondation artificielle qui m'ont donné des graines en 1860 ; mais celles-ci confiées à la terre n'ont pas germé, bien qu'elles m'aient paru bien conformées.

Dans les jardins où cette Primevère hybride est cultivée en bordure, le plus souvent pêle-mêle avec le *Primula acaulis,* où les pieds de ces deux plantes sont accolés et se mêlent, pour ainsi dire, cet hybride est souvent fertile. Les corolles de ces végétaux prennent les teintes les plus variées depuis le blanc ou le jaune jusqu'au violet et au pourpre. Quelle que soit la couleur des fleurs, les semis de *Primula variabilis* des jardins reproduisent assez souvent, comme je m'en suis assuré autrefois par l'expérience, le *Primula acaulis,* avec lequel il vit ordinairement ; mais jamais je ne l'ai vu revenir au type du *Primula officinalis,* qu'on n'introduit pas dans les bordures des jardins

(1) Cette assertion est trop absolue ; car, comme je l'établis dans un autre travail et d'après des observations faites en 1862 et en 1863, on trouve au bois de Malzéville, des retours aux deux types générateurs, mais surtout au *Primula officinalis. (Note ajoutée au moment de l'impression.)*

ordinaires, et qu'on détruit même comme mauvaise herbe lorsqu'il vient à y paraître. Le retour à un seul type, en l'absence de l'influence du second, prouve, à ce qu'il me semble, que ce retour résulte de nouvelles fécondations par le *Primula acaulis*.

M. Lecoq (1) a obtenu par la fécondation du *Mirabilis Jalapa* par le pollen du *Mirabilis longiflora* (2) un hybride stérile par lui-même, mais qui, fécondé de nouveau artificiellement par le pollen du second, a produit un hybride de seconde fécondation indéfiniment fertile. Ces hybrides féconds ont donné bientôt entre les mains de M. Lecoq des variétés nombreuses et des retours fréquents au type maternel. Ce savant botaniste a eu l'obligeance de m'adresser des graines de ces *Mirabilis* adultérins. Elles ne m'ont donné qu'une seule forme, plus voisine du *Mirabilis longiflora*, mais cependant très-distincte encore de ce type. Cultivée de semis, depuis deux années, dans mon enclos du jardin des plantes, c'est-à-dire mise à l'abri du pollen des parents, cette même variété s'est repro-

(1) Lecoq, *Études sur la Géographie botanique*, etc., t. 1, p. 161 et 162.

(2) Kœlreuter avait déjà opéré cette double fécondation sur les mêmes espèces et avait obtenu des hybrides de seconde génération un peu fertiles ; mais il n'a pas poussé l'expérience aussi loin que M. Lecoq (Conf. *nov. act. academ. scient. Petropolit. t.* 12, p. 580 à 384).

duite chez tous les individus, telle qu'elle s'était montrée la première année. Placée dans ces conditions d'isolement, elle semble donc devoir se perpétuer indéfiniment, avec les mêmes caractères. Nous ferons remarquer toutefois, dès à présent, que l'intervention de l'homme paraît être ici la cause unique de cette exception aux lois qui régissent les hybrides. Car si ces bâtards de *Mirabilis* s'étaient développés spontanément au milieu des parents, ils auraient vraisemblablement, par de nouvelles fécondations réciproques, fait retour aux types primitifs ou du moins à l'un de ces types, comme M. Lecoq l'observe, depuis plusieurs années, dans son jardin.

Mais on m'objectera peut-être que ces *Mirabilis,* objet des expériences précédentes, sont des *Belles de nuit,* que leurs corolles s'ouvrent la nuit et que les Insectes ailés ne peuvent leur distribuer le pollen de leurs parents. Tout en faisant observer que la fécondation croisée peut être le résultat du transport par le vent, je dois ajouter que j'ai constaté que ces corolles sont encore ouvertes le matin et, lorsque le ciel est couvert, elles ne se ferment qu'au milieu de la journée; enfin qu'elles s'ouvrent le soir avant l'heure où les Hyménoptères cessent de butiner sur les fleurs.

Ainsi nous retrouvons encore ici les mêmes faits que précédemment et ils viennent de nouveau confirmer nos conclusions déjà émises.

Les Digitales hybrides (1) que j'ai obtenues au jardin
des plantes de Nancy et dont j'ai parlé plus haut, éloignées de leurs parents, n'ont jamais montré, et cela
pendant plusieurs années, la moindre tendance à fructifier et je n'ai obtenu une seconde génération de ces
plantes, que par la fécondation artificielle. J'ai ainsi
fécondé un hybride de *Digitalis purpureo-ambigua*
par le pollen du type paternel. C'est cette année même
(1861) que deux pieds de ces hybrides de seconde génération ont fleuri. La floraison s'est mal effectuée sur
l'un des pieds; l'autre m'a présenté une seule grappe
de fleurs d'un pourpre aussi vif que dans le *Digitalis
purpurea*, mais avec des corolles à tube plus étroit et
bien plus allongé; le pollen m'a paru assez abondant
et bien conformé; les feuilles étaient semblables à
celles du type paternel. Mais ces deux pieds se sont
flétris avant de fructifier. J'ai pu seulement conserver
et dessécher la grappe fleurie, dont j'ai parlé, et qui
déjà était devenue flasque. Si cette expérience a été
malheureusement interrompue, je puis, jusqu'à un certain point, y suppléer par le fait suivant : J'ai observé à
Besançon, en 1854, une série d'hybrides sauvages des
*Digitalis ambigua* et *lutea*, avec des intermédiaires

(1) Pour obtenir des hybrides de Digitales, il faut attendre, pour
opérer la fécondation artificielle, que les deux lames du stigmate
commencent à s'écarter l'une de l'autre. Cette précaution pratique est
de rigueur.

qui les rapprochaient de l'une et de l'autre des espèces
génératrices. Ces hybrides m'ont été apportés, à l'état
frais, par M. Bavoux. Le pollen m'a paru normal et
abondant dans les échantillons qui se rapprochaient des
parents, mais il était déformé et presque nul dans les
anthères d'un échantillon intermédiaire aux parents et
qui paraissait être un hybride simple. Ces échantillons
étaient simplement en fleurs, les ovaires pourvus d'o-
vules, mais je n'ai pu juger de leur tendance à fructifier. Or, on sait que les hybrides simples de Digitales
sont inféconds par eux-mêmes et que tous les pieds,
provenant d'une même fécondation adultérine, sont
semblables entre eux et à peu près intermédiaires aux
types primitifs; il faut bien admettre que la variété des
produits observés à Besançon a eu pour cause de nouvelles fécondations par le pollen de l'un ou de l'autre
des ascendants.

M. Ingelrest, jardinier en chef du jardin des plantes
de Nancy a fait sous mes yeux une expérience d'hybridation que j'ai suivie avec intérêt; il a fécondé en 1860,
après castration des fleurs de *Diplacus aurantiacus
Curt.* par le pollen du *Diplacus puniceus Nutt.* Cette
opération réussit d'autant plus facilement que le pollen
à peine déposé entre les deux lèvres du stigmate, celles-ci se rapprochent et enveloppent cette poussière
fécondante. Les graines obtenues, semées en serre à
l'automne de la même année ont donné un grand nom-

bre de pieds d'un hybride, intermédiaire aux parents et qui leur est supérieur par la beauté de sa fleur. Tous les individus se sont montrés uniformes. Quelques fleurs de ces hybrides, dont le pollen était déformé et comme flétri, ont été de nouveau fécondées, les unes par le pollen paternel, les autres par le pollen maternel; chacune de ces fleurs a été marquée, suivant notre habitude, par un fil coloré. Les ovaires qui ont reçu un pollen légitime ont seuls noués, se sont régulièrement développés et ont fourni des graines, qui déjà ont été confiées à la terre et ont germé (1), toutes les autres fleurs sans exception se sont montrées absolument stériles. Ces plantes avaient été isolées des parents dans mon enclos à hybrides. Cette nouvelle expérience vient encore confirmer quelques-unes de nos conclusions précédentes; elle démontre en même temps que les deux *Diplacus* dont il est ici question, bien qu'ils soient voisins, bien qu'ils soient de plus considérés par Bentham comme variétés d'une seule et même espèce (2) constituent réellement deux espèces distinctes. Aussi l'on peut donc par l'hybridité résoudre des questions d'espèces et cette expérience a d'autant plus d'importance qu'elle est, pour ainsi dire, la con-

(1) Ces plantes ont présenté, l'année suivante, de nombreuses variétés et des retours aux deux types primitifs. (*Note ajoutée en 1862.*)

(2) De Candolle, *Prodromus regni vegetabilis*, t. 10, p. 568.

tre-partie de celle qu'a effectué M. Naudin sur les *Datura Stramonium* et *Tatula*.

Plusieurs observateurs ont obtenu aussi des hybrides fertiles des *Petunia violacea* et *nyctaginiflora*. Ils paraissent même être devenus l'origine des nombreuses et belles variétés que nos horticulteurs répandent dans le commerce et qu'ils multiplient de plus en plus en pratiquant entre les variétés fécondes, l'hybridation artificielle.

Dans les semis qui ont été faits de ces plantes au jardin botanique de Nancy, nous avons chaque fois observé des retours nombreux au Petunia violacea qui s'y est montré dès le premier semis et jamais au *Petunia nyctaginiflora* qui parmi ces plantes faisait défaut. Cependant nous avons constamment vu parmi eux des fleurs diversement colorées et fort blanches, à tube corollin bien plus long que dans le *Petunia violacea* sans atteindre toutefois la longueur de celui du *Petunia nyctaginiflora*, à pollen d'un gris jaunâtre, caractères qui indiquent suffisamment l'intervention primitive du *Petunia nyctaginiflora*. Mais jamais le type de cette espèce ne s'est trouvé placé dans le voisinage de ces hybrides, ce qui explique pourquoi nous n'avons observé que des retours au type du *Petunia violacea*.

Enfin il me reste à parler de l'hybride de M. Fabre, dont la nature et l'origine sont restées longtemps douteuses ; mais l'expérimentation directe m'a permis de résoudre cette question. *L'Ægilops triticoïdes*, trouvé d'abord par Requien aux environs d'Avignon, puis sur tout le littoral méditerranéen de la France, de l'Italie, de la Sicile, de l'Algérie, etc., a été décrit comme espèce par Bertoloni et considéré comme tel, pendant de longues années, par tous les botanistes. Cependant cette plante est habituellement stérile; mais M. Fabre a fini cependant, par trouver quelques graines dans ses épis; il les a semées dans son jardin, où elles n'ont pas reproduit cette plante, mais elles ont donné naissance à une forme nouvelle, l'*Ægilops speltæformis* qui, entre les mains de l'intelligent horticulteur d'Agde, s'est montré indéfiniment fécond. J'ai moi-même, pendant mon séjour à Montpellier recueilli quelques graines sur l'*Ægilops triticoïdes*, croissant sur le bord des champs de blé; semées dans mon jardin, en 1853, elles ont germé, les pieds ont fleuri, mais ne m'ont donné aucune graine (1). M. Gay a aussi rapporté de Béziers (2), en 1857, une graine fournie par cette plante. L'*Ægilops triticoïdes* est donc très-rarement fertile ; il se comporte du reste comme les hybrides simples, ce que j'ai cherché à établir dès 1853 (3). Cette ap-

(1) *Mémoires de l'Académie de Stanislas*, pour 1854, p. 436.

(2) J. Gay, *Bulletin de la Société botanique de France*, t. 6, p. 482.

(3) Voyez mes *Quelques notes sur la Flore de Montpellier*, dans les Mémoires de la Société d'émulation du Doubs, pour 1854.

préciation a été confirmée par l'expérimentation directe : j'ai obtenu, par la fécondation artificielle de
l'*Ægilops ovata* par le pollen du *Triticum vulgare*,
les deux formes d'*Ægilops triticoïdes*, l'une avec
barbes complétement développées, l'autre avec barbes
rudimentaires, qu'on rencontre spontanées dans le midi
de la France (1). Elevées, en 1854, dans des pots
placés sur les croisées de mon cabinet à Besançon et
par conséquent soustraites complétement à l'influence
du pollen du blé, elles n'ont fourni aucune graine et il
en a été de même de tous les *Ægilops triticoïdes* que
j'ai obtenus, chaque année, depuis 1854. Ces faits, du
reste, ont été confirmés depuis par les expériences de
MM. Regel en Allemagne, Vilmorin et Grœnland à
Paris, Planchon à Montpellier.

Mais, en 1857, ayant fécondé l'*Ægilops triticoïdes*
par le pollen du blé Touzelle, qui déjà avait servi à la
première fécondation, j'ai recueilli neuf graines qui,
en 1858, ont reproduit l'*Ægilops speltœformis* tout
à fait semblable à celui de M. Fabre (2). M. Grœnland

(1) Godron, *Annales des sciences naturelles; sér. 4, t. 2*, p. 218
et 219.

(2) J'ai fait connaître ce fait dans un Mémoire lu à l'Académie de
Stanislas de Nancy, dans sa séance du 11 juin 1858 et le *Journal de
la Meurthe et des Vosges* en a rendu compte dans son numéro du
28 juin de la même année, ainsi que des autres lectures faites pendant le mois devant la même Société. Il est inséré dans ses Mémoires
pour 1858, p. 50. Mon travail a été également imprimé dans les

a obtenu aussi la même année des hybrides de seconde génération d'*Ægilops ovata* et de blé et les a montrés à la Société botanique de France, dans sa séance du 9 juillet 1858.

Les *Ægilops speltæformis*, fabriqués à Nancy, m'ont fourni peu de graines la première année, mais depuis, cette plante s'est montrée très-fertile. Je l'ai encore reproduite en 1859 et avec les mêmes caractères. Enfin, en 1860, j'ai, dans le but d'obtenir des *Ægilops speltæformis* à épis sans barbes et d'autres à épis très-velus et barbus, tenté la fécondation de plusieurs pieds d'*Ægilops triticoïdes*, les uns par le blé sans barbes et les autres par le blé velu égyptien de la collection de M. Vilmorin. La température froide et humide de l'été de 1860 a été peu favorable aux expériences d'hybridation et je n'ai pas réussi dans cette première tentative. Mais cette année même (1861), j'ai tenté un nouvel essai du même genre et je possède trois graines qui semblent bien conformées et fertiles; elles seront semées au printemps prochain. (1)

Il résulte donc encore des faits précédents que l'*Æ-gilops triticoïdes*, lorsqu'il est séparé de ses parents, est constamment stérile, mais que soumis de nouveau à

*Comptes rendus de l'Académie des sciences de Paris*, 1858, t. 47, p. 124.

(1) J'indiquerai, dans un travail spécial, ce que ces graines ont produit. (*Note ajoutée pendant l'impression.*)

l'action du pollen du blé, il produit l'*Ægilops speltæ-formis*, qui d'abord médiocrement fertile, comme tous les hybrides de seconde génération, produit, dans les années suivantes, autant de graines qu'aucun *Ægilops* ou *Triticum* connus.

Ainsi donc tous les hybrides simples, placés dans les conditions d'isolement que nous avons indiquées, n'ont dû leur fertilité qu'à l'effet d'une seconde fécondation et, pour ces faits, il y a lieu de conclure, ce nous semble, que cette nouvelle hybridation est la vraie cause qui a rendu ces plantes fécondes.

En serait-il autrement des hybrides qui se développent spontanément à l'état sauvage? Ils sont ordinairement stériles ; mais ils se montrent quelquefois féconds et, dans ce cas, l'analogie nous indique clairement que les choses doivent se passer comme dans les expériences d'hybridation artificielle. Le fait n'est-il pas déjà démontré pour les *Ægilops* hybrides, pour le *Primula variabilis*, pour le *Linaria striato-vulgaris*. Je suis porté à croire qu'il en a été de même pour la série d'hybrides de *Digitalis ambiguo-lutea* recueillis à Besançon, pour les séries de Gentianes hybrides observées dans les Alpes par MM. Guillemin et Dumas(1), de Narcisses de Pontarlier étudiés par mon collabora-

(1) Guillemin et Dumas, *Mémoires de la Société d'histoire naturelle de Paris*, t. 1, p. 81 à 85, tab. V.

teur, M. Grenier (1), etc. ; j'ajouterai pour les *Cirsium*
hybrides. Les hybrides simples de ce dernier genre,
développés spontanément sont intermédiaires aux parents et ordinairement complétement inféconds ; mais ils
produisent quelquefois des graines fertiles, même lorsqu'ils sont abandonnés à eux-mêmes en société de
leurs ascendants ; ces graines donnent naissance à une
forme nouvelle plus rapprochée de l'un d'eux, absolument comme les hybrides quarterons obtenus par la
fécondation artificielle. M. Nægeli (2), dans son travail
sur les *Cirsium* hybrides de la Flore d'Allemagne, sans
se livrer à aucune idée théorique sur la question qui
nous occupe, constate l'existence d'un certain nombre
d'hybrides, qui, à côté des formes tenant le milieu
entre les types primitifs, se rapprochent de l'un d'eux
et il les indique avec un soin minutieux. N'est-il pas
tout à fait vraisemblable que ces retours vers les parents sont le résultat d'une nouvelle fécondation, bien
plus facile que la première, puisque les anthères de
l'hybride simple ont le pollen infécond et que le vent et
les Insectes surtout, qui fréquentent avec activité les
capitules des *Cirsium* ont pu facilement opérer le
transport du pollen des parents ?

Serait-il possible d'admettre que les hybrides spon-

(1) Grenier, *Annales des sciences naturelles* ; sér. 3, t. 19,
p. 146.

(2) Koch, *Synopsis Fl. germ. et helv.* ; éd. 2, p. 987 et suiv.

tanés ne se comportent pas comme ceux que procréent les fécondations artificielles? Les effets étant identiques, les causes ne doivent pas être différentes.

*La fécondité des hybrides est-elle en rapport avec les ressemblances extérieures des espèces dont ils proviennent, ou signale-t-elle une affinité spéciale au point de vue de la génération, comme on l'a remarqué pour la facilité de la production des hybrides eux-mêmes?* — Pour que deux plantes d'espèces distinctes s'unissent entre elles spontanément, il faut qu'elles croissent en société, qu'elles fleurissent à la même époque, que l'anthèse des anthères coïncide avec l'anthèse des enveloppes florales ou tout au moins lui succède. Ces conditions sont essentielles et connues depuis longtemps.

Mais alors même que la fécondation se fait dans le bouton, ce qui rend impossible toute hybridation naturelle, l'homme peut encore, par son intervention directe, tenter le croisement entre les deux espèces, en pénétrant dans le bouton et en déposant lui-même sur le stigmate encore vierge, un pollen étranger. L'expérience n'a pas été favorable à ces tentatives, même entre espèces voisines, comme si la nature en voilant à nos yeux l'exercice de la fonction de fécondation chez beaucoup de végétaux, en avait fait une condition de leur reproduction. Aussi je ne connais aucun exemple authentique de fécondation bâtarde obtenue dans les

Papilionacées (1), les Ombellifères, les Crucifères, les Papavéracées, etc. C'est en vain que j'ai tenté, avec une certaine persévérance, de féconder l'une par l'autre quelques espèces, mêmes voisines appartenant à ces familles.

Il ne faudrait pas croire, cependant, d'après cet exposé, que toutes les plantes qui se présentent dans des conditions en apparence favorables à l'hybridation naturelle, soient toutes susceptibles de recevoir facilement l'imprégnation d'un pollen étranger. L'hybridation naturelle n'a été constatée que dans un assez petit nombre de genres et encore, dans beaucoup d'entre eux, ces phénomènes, contre nature, ne se montrent-ils qu'exceptionnellement. Il en est d'autres dont les espèces se marient plus facilement et qui semblent jouir sous ce rapport, d'un privilége spécial. Les Digitales, les Primevères de la section *Primulastrum*, les *Gentianes*, les *Nicotiana*, les *Narcissus*, les *Cirsium*, les *Centaurea*, les *Linaria*, les *Geum*,

---

(1) Le *Cytisus Adami*, qu'on dit avoir obtenu par la fécondation artificielle du *Cytisus Laburnum* par le *Cytisus purpureus*, s'il est un véritable hybride, se comporte tout autrement que les hybrides ordinaires et son origine mérite confirmation. Wiegmann (*Ueber die Bastardenzeugung im Pflanzreiche*, p. 14) dit avoir obtenu des hybrides entre les *Pisum sativum et Vicia sativa*, entre le *Vicia sativa* et l'*Ervum Lens*; Gærtner (*Versuche und Beobachtungen ueber die Bastardenzeugung*, p. 135), qui a vu et cultivé les plantes de Wiegmann, ne croit pas à leur origine hybride.

les *Dianthus,* etc., nous fournissent des faits de ce genre; j'y ajouterai les *Verbascum* qui offrent l'exemple le plus frappant d'un dévergondage effréné. Les plantes de ce dernier genre croissent volontiers en groupes sur les coteaux incultes et dans les clairières des forêts. Partout, où plusieurs espèces se sont associées, on remarque, presque tous les ans, des hybrides simples et, pour les reconnaître, il n'est pas besoin de la loupe; on les distingue à vingt pas à leurs rameaux longuement effilés et groupés en très-grand nombre sur la tige principale. Aux environs de Nancy, il existe une localité où les *Verbascum* et leurs hybrides simples semblent s'être donnés rendez-vous : ce sont les berges pierreuses du canal de la Marne au Rhin entre Liverdun et Villé-St-Etienne. C'est là que M. Mathieu, professeur à l'Ecole forestière, en réunissant ses récoltes de plusieurs années a pu se procurer plusieurs séries de ces hybrides, en assez grand nombre d'échantillons, pour pouvoir les fournir aux publications de plantes sèches de M. Billot. Depuis plusieurs années, j'ai consacré, au jardin des plantes de Nancy, un petit terrain aux espèces de ce genre ; ils s'y propagent en pleine liberté et sans culture. Or, il n'est pas d'année, où, dans cet espace restreint, je n'observe des hybrides de *Verbascum.*

Mais cette facilité plus ou moins grande, avec laquelle les espèces de certains genres s'unissent entre elles de prime abord, n'est pas toujours en rapport avec le degré de ressemblance que les espèces congénères présentent dans leurs caractères extérieurs. Ce ne sont pas toujours les espèces en apparence les plus voisines, qui s'allient entre elles le plus fréquemment. Ainsi parmi nos espèces françaises de *Verbascum*, celles qui se croisent facilement avec presque toutes les autres espèces, et notamment avec les *Verbascum Thapsus, Thapsiforme* et *phlomoïdes*, sont les *Verbascum nigrum, Lychnitis* et *Blattaria*, qui s'en éloignent le plus. D'une autre part, les trois premières de ces espèces assez voisines, pour avoir été confondues comme appartenant à une seule espèce (1), et croissant souvent pêle-mêle, n'ont jamais montré, même au jardin de Nancy, d'hybrides spontanés à mon observation. Gœrtner seul (2), à ma connaissance, est parvenu, par la fécondation artificielle, à obtenir des produits des *Verbascum Thapsus* et *Thapsiforme*, et Kœlreuter (3), ceux des *Verbascum Thapsus* et *phlomoïdes*. Il

---

(1) Elles se distinguent toutefois nettement comme espèces par la forme et la position des anthères des étamines longues et par la forme différente et très-caractérisée des stigmates (Voy. ma *Flore de Lorraine*).

(2) C. Fr. Gœrtner, *Versuche und Beobachtungen über die Bastarderzeugung;* Stuttgart, 1849, in-8º, p. 394.

(3) Kœlreuter, *Acta Acad. scient. Petropol.* t. 11, p. 392 à 397 et t. 12, p. 384.

existe aussi des espèces de *Cirsium,* très-dissembla-
bles et qui s'unissent assez souvent et spontanément,
non-seulement entre elles, mais encore avec presque
toutes nos autres espèces françaises ; tels sont le *Cirsium acaule, oleraceum* et *palustre.*

Mais il est une observation que nous ne pouvons
passer sous silence, c'est que les genres, dont les
espèces s'hybrident naturellement, sont habituellement
ceux qui, présentant les autres conditions essentielles
au développement de ce phénomène anormal, sont fré-
quentés par les Hyménoptères. Il y a cependant des
exceptions : il en est une très-saillante, qui nous est
fournie par l'*Ægilops triticoïdes.* Les Abeilles, pas
plus que les Bourdons, ne fréquentent le blé ni les
*Ægilops.* Mais, on sait que l'hydride qui résulte de
leur union se rencontre principalement sur le bord des
champs de blé et spécialement sur les talus des routes,
sur lesquelles aboutissent les cultures de cette céréale.
On comprend facilement que l'*Ægilops ovata,* en
raison de sa petite taille, peut être facilement saupoudré
du pollen du blé, qui s'échappe abondamment des anthères de cette précieuse Graminée, dès que ces organes se sont fait jour au dehors à travers l'intervalle des
glumelles qui les renferment (1). Il suffit, pour cela,

(1) Il résulte de mes observations sur la fécondation naturelle du
blé, et ces observations s'appliquent à la plupart des Graminées, que
les anthères ne versent pas leur pollen sur les stigmates de leur

que la chute du pollen coïncide avec l'époque de l'anthèse des fleurs d'*Ægilops*, qui alors écartent spontanément leurs glumelles et laissent entre elles un intervalle de 1 à 2 millimètres. Or cette coïncidence a lieu dans l'état naturel des choses, d'autant plus facilement que, si la floraison du blé est assez rapide, celle de l'*Ægilops ovata* se prolonge pendant plus d'un mois, en raison des nombreux chaumes latéraux qui se développent successivement à la base du chaume primitif.

Du reste, l'expérience, que je vais rapporter, prouve combien ces circonstances rendent facile la fécondation naturelle de l'*Ægilops* par le pollen du blé. A l'automne de 1859, je fis semer, au jardin des plantes de Nancy, du blé en lignes distantes d'un demi-mètre l'une de l'autre, et dans les intervalles, je fis planter des épis d'*Ægilops ovata*, dans le but d'exposer les fleurs de cette dernière espèce au pollen du *Triticum vulgare*. L'été de 1860 fut froid et pluvieux et, malgré ces circonstances désavantageuses, l'expérience réussit. Je recueillis à la maturité tous les épis d'*Ægilops*, au nombre de 872. En février 1861, ils furent confiés à la terre, et en juillet, j'avais sous les yeux onze pieds

propre fleur, mais sur les fleurs voisines, un peu ouvertes au moment de l'anthèse par un écartement sensible des glumelles et que c'est au moment de leur sortie de la fleur et d'abord par leur extrémité supérieure, que le pollen s'en échappe. Cela explique pourquoi dans cette céréale les fleurs supérieures de l'épi ne fructifient pas.

d'*Ægilops triticoïdes*. Cette fécondation adultérine a donc eu lieu spontanément et dans une proportion telle, qu'il reste évident que ce phénomène se produit sans grande difficulté. Et, cependant, il s'agit ici de deux espèces assez éloignées l'une de l'autre pour que les botanistes les aient considérées jusqu'ici, à tort selon nous (1), comme appartenant à deux genres différents.

Si j'ai relaté ces observations, c'est qu'elles viennent confirmer cette idée, que l'hybridation naturelle chez les plantes résulte bien moins (s'il s'agit, bien entendu, d'espèces incontestablement distinctes) des ressemblances extérieures des espèces que d'une affinité spéciale qu'elles ont les unes pour les autres, au point de vue de la fonction génératrice.

J'arrive maintenant au point le plus important de la question qui m'est posée, je veux parler de la fécondité des hybrides et des circonstances qui la favorisent.

Et d'abord tous les expérimentateurs sont unanimes pour reconnaître que les produits de l'union facile de deux variétés ou de deux ou plusieurs races d'une même espèce sont éminemment féconds dès le premier croisement et conservent indéfiniment cette faculté. Or,

(1) Je crois l'avoir démontré dans mon travail intitulé : *De l'Ægilops triticoïdes et de ses différentes formes*, dans les *Annales des Sciences naturelles*, sér. 4, t. 5, p. 85.

d'après les résultats que fournissent les observations précédentes, relativement à l'union d'espèces voisines, mais parfaitement distinctes, n'est-il pas permis de penser, comme l'ont admis presque tous les observateurs, et comme nous avons cherché plus haut à l'établir pour les *Datura Stramonium et Tatula*, que c'est là le *criterium* qui rapproche les variétés et les races d'une même espèce et qui les distingue des espèces légitimes ? Nous ne connaissons aucun exemple de deux types d'un même genre, nettement distincts comme espèces, qui aient produit autre chose que des hybrides stériles lorsque ceux-ci ont été séparés de leurs parents, ou des hybrides aussi féconds qu'eux, lorsque ces parents ont vécu en société de leurs produits adultérins. Si l'on a cité des exemples contraires, ils appartiennent tous à des plantes cultivées depuis des siècles, qui nous montrent des races et des variétés plus ou moins tranchées et sur lesquelles les botanistes sont loin de s'entendre, lorsqu'il s'agit de les étudier au point de vue de l'espèce. De données aussi incertaines sur la valeur spécifique de ces formes, peut-il résulter comme démonstration rigoureuse, que de vraies espèces donnent par leur mariage une descendance hybride très-féconde ? N'est-ce pas là, au contraire, la preuve la plus palpable qu'il y a entre ces prétendues espèces une affinité physiologique très-étroite, j'allais dire une consanguinité incontestable ?

Ce premier point établi, examinons si la fécondité des hybrides est en rapport avec les ressemblances extérieures des espèces, d'où ils proviennent. La grande fécondité des hybrides de Tabacs à fleurs jaunes dans les générations qui ont suivi la seconde ; celle des hybrides de Tabacs à fleurs rouges, qui sont plus voisins encore les uns des autres, semblerait jusqu'à un certain point justifier cette manière de voir ; il en est de même des hybrides de Primevères de la section *Primulastrum*. Mais il est d'autres faits qui sont loin de conduire à la même conclusion. Les *Linaria vulgaris*, *purpurea*, *genistæfolia*, et *striata* ne peuvent pas être considérés comme des espèces extrêmement voisines les unes des autres et cependant leurs hybrides, après la seconde génération, sont devenus très-féconds dans nos expériences ; mais je citerai surtout l'*Ægilops speltæformis*, qui est devenu aussi bientôt très-fertile. Dans tout état de cause, on ne peut pas considérer l'*Ægilops ovata* et le *Triticum vulgare* comme deux espèces remarquables par leur ressemblance extérieure. Or, un fait aussi saillant juge la question au point de vue qui nous occupe. Ce ne sont donc pas toujours les plantes, en apparence les plus voisines, qui donnent naissance aux hybrides les plus féconds.

Cette fécondité serait-elle en rapport avec la facilité avec laquelle s'établit la première hybridation ? Les

*Verbascum* nous offrent précisément un exemple contraire. La première fécondation adultérine s'opère si fréquemment parmi ces plantes, même à l'état sauvage; elle échoue si rarement lorsqu'on met en usage, avec tous les soins voulus, le procédé d'hybridation artificielle, que naturellement on devrait avoir l'espoir de rencontrer souvent des hybrides de *Verbascum* féconds. Je n'en ai jamais vu un seul à l'état sauvage, qui m'ait présenté une capsule pourvue de graines susceptibles de germer et j'ai observé avec soin un bien grand nombre de ces hybrides vivant pêle-mêle au milieu des parents. Est-on plus heureux en essayant une seconde fécondation artificielle par le pollen des parents ? J'ai fait, à cet égard, des tentatives qui sont restées sans résultat. Je suis parvenu cependant à féconder le *Verbascum austriaco-nigrum*, obtenu au jardin de Nancy, par le pollen du *Verbascum phœniceum*. L'hybride de seconde génération qui a été produit par cette expérience est vivace et a fleuri en 1861, pour la troisième fois. Les deux pieds que j'en possède n'ont jamais eu la moindre tendance à grainer; j'ai tenté, pendant deux étés consécutifs, une troisième fécondation par le pollen du *Verbascum phœniceum;* ces tentatives ont complétement échoué.

Il faut donc admettre que la fécondité indéfinie des hybrides n'est pas toujours en rapport avec la facilité avec laquelle le croisement s'opère une première fois.

*Les hybrides stériles par eux-mêmes doivent-ils toujours leur stérilité à l'imperfection du pollen?* — Lorsqu'il s'agit du croisement de deux races ou de deux variétés d'une même espèce, le pollen est normal et parfaitement fécond. Kœlreuter déjà l'avait reconnu d'une manière positive.

Mais lorsqu'il s'agit d'hybrides simples, obtenus par le croisement de deux espèces bien franches, on constate des résultats assez différents les uns des autres. Tantôt il y a absence complète de pollen et l'on n'observe dans l'anthère que du tissu cellulaire disloqué; depuis quatre années, j'ai observé ce fait sur les hybrides de Digitales que je possède au jardin des plantes de Nancy et que j'ai obtenu primitivement par la fécondation artificielle. Dans d'autres cas, on voit des grains de pollen irréguliers, déformés, flétris, comme l'ont souvent signalé les différents expérimentateurs et, notamment, il y a près d'un siècle, le célèbre Kœlreuter; c'est ce que j'ai vu sur mes hybrides simples de *Verbascum*. Sur les hybrides simples de Linaires, comme j'ai eu encore occasion de l'observer, cette année, sur le *Linaria striato-vulgaris*, beaucoup de grains polliniques sont aussi déformés, mais on trouve au milieu d'eux des grains assez nombreux, qui paraissent bien conformés; cependant, les pieds isolés de cet hybride, comme je l'ai dit plus haut, sont restés stériles. Enfin, j'ai pu, en 1861, observer pour la première fois, un hybride simple, dont les anthères étaient pourvues d'un pollen assez abondant, qui, vu au microscope, m'a paru très-régulier. Je veux parler d'un hybride simple que j'ai obtenu par la fécondation de l'*Antirrhinum majus* par le pollen de l'*Antirrhinum Barrelieri*. Je ne puis trop recommander l'hybridation des espèces de ce genre et surtout des espèces à grandes fleurs. Leur corolle étant parfaitement close et les Hyménoptères n'y pénétrant pas (1), comme les Abeilles dans les Linaires, de crainte, sans doute, de s'y voir emprisonnés, ces hybrides se présentent dans des conditions spéciales, qui simplifient beaucoup la solution de plusieurs questions, qui se rattachent à la théorie de l'hybridité. Je regrette d'avoir songé aussi tardivement à tenter la fécondation adultérine des plantes de ce genre. Quoi qu'il en soit, mon *Antirrhinum Barrelieri-majus*, bien que pourvu d'un pollen en apparence normal, est resté complétement stérile; aucun des ovaires ne s'est même développé.

Que faut-il conclure de ces faits? C'est qu'il ne suffit pas, dans les hybrides simples, que le pollen semble bien conformé, il faut encore qu'il soit actif. Or, il a paru inerte dans les expériences que je viens de signa-

(1) J'ai observé, depuis la rédaction de ce mémoire, que les gros Bourdons y pénètrent quelquefois. (*Note ajoutée au moment de l'impression.*)

ler. En serait-il du pollen des mulets végétaux, comme
de la liqueur spermatique dès mulets animaux? La
fovilla de nos hybrides simples serait-elle dépourvue de
granules polliniques? Il y a là une nouvelle série d'expériences fort intéressantes à faire, et que l'état de mes
yeux ne m'a pas permis jusqu'ici d'entreprendre.

Quant au pollen des hybrides de troisième ou de
quatrième fécondation, il est ordinairement abondant et
bien conformé; il est, en outre, très-actif, comme nous
nous en sommes assuré, plusieurs fois, par la fécondation artificielle.

*Observe-t-on quelquefois un état d'imperfection
dans le pistil et les ovules?* — Dans toutes les
plantes hybrides, qui peuvent être habituellement fécondées par le pollen de l'un ou de l'autre de leurs parents, il est évident que le pistil, et au moins quelques-
uns des ovules, si ce n'est leur totalité, ne présentent
pas d'imperfection susceptible d'annuler la fonction
génératrice. Ce n'est donc que chez les hybrides, qui
ne peuvent être fécondés, même artificiellement, que
ces imperfections pourraient être observées. Les *Verbascum* hybrides m'ont seuls présenté jusqu'ici des
difficultés sérieuses, au point de vue de leur fécondité
et subissent difficilement et rarement, comme nous
l'avons vu, l'influence d'un pollen légitime. Cependant
le pistil et les ovules m'ont habituellement présenté
dans leur conformation des caractères qui m'ont paru

normaux; seulement l'ovaire s'accroit peu et les ovules se dessèchent rapidement.

Le très-grand développement que prennent dans les hybrides simples de *Verbascum* les organes de la végétation, les nombreux rameaux et l'immense quantité de fleurs qui naissent sur ces rameaux, n'épuiseraient-ils pas les sucs végétaux, aux dépens des organes de la reproduction? N'y aurait-il pas là un fait qu'expliquerait la loi de balancement des organes, dont on constate si fréquemment la puissance tout aussi bien dans le règne végétal que dans le règne animal? Nous livrons cette idée à l'appréciation des botanistes.

On a cité des végétaux hybrides, dont l'ovaire est complétement dépourvu d'ovules. M. J. Gay a indiqué le *Narcissus incomparabilis,* qu'il considère comme un hybride produit très-anciennement. Cette plante est cultivée de temps immémorial dans les jardins, d'où elle s'est échappée et se trouve çà et là en France dans les prairies, à l'état subspontané et sans présenter réellement dans ses allures les caractères d'une plante indigène. On la rencontre presque toujours à fleurs très-doubles dans les jardins; mais dans les prairies, où elle se trouve çà et là et accidentellement, elle ne conserve pas toujours cette livrée des plantes cultivées; sa corolle redevient souvent simple sous l'influence de l'état sauvage; mais ses ovules ne reparaissent pas avec les étamines et le pistil. J'ai vérifié l'absence complète des ovules sur des individus subspontanés, à fleurs simples que j'ai reçus des Vosges et que je cultive au jardin des plantes de Nancy. Ici la stérilité est absolue (1).

On ignore, du reste, l'origine de cette plante, et, si elle est réellement un hybride, doit-on attribuer à sa bâtardise l'absence des ovules? Cette anomalie ne s'explique-t-elle pas par le mode de propagation par bulbes, qu'elle a dû subir depuis qu'elle a doublé par la culture? Ne connait-on pas, du reste, d'autres exemples analogues dans le règne végétal, l'Ananas, l'Arbre à pain, le raisin de Corinthe, etc. Ce qu'il y a de certain pour moi c'est que les *Narcissus* hybrides de Pontarlier qui procèdent du croisement des *Narcissus Pseudo-Narcissus* et *poeticus,* ont des ovules qui m'ont paru bien conformés; il en est de même des hybrides connus sous le nom de *Narcissus Tazetto-poeticus,* que j'ai observés dans les prairies de Lattes près de Montpellier et que mon collaborateur, M. Grenier, a décrits dans notre Flore de France. Cette plante donne lieu comme celle de Pontarlier à des séries de formes nombreuses, qui se rapprochent plus ou moins des parents

(1) Ces pieds subspontanés de *Narcissus incomparabilis,* reçus des Vosges, qui n'ont montré aucune trace d'ovules dans leur pistil en 1860, 1861 et 1862, m'en ont présenté exceptionnellement de très-distincts en 1863, mais les ovaires se sont promptement flétris. (*Note ajoutée au moment de l'impression.*)

et semblent de tous points se comporter, comme nos hybrides de Linaires ; ces variétés doivent être, comme chez ces dernières, le résultat de croisements nouveaux, ce qui suppose une conformation normale des organes générateurs femelles.

*Les hybrides, se reproduisant par leur propre fécondation, conservent-ils quelquefois des caractères invariables pendant plusieurs générations et peuvent-ils devenir le type de races constantes, ou reviennent-ils toujours, au contraire, aux formes d'un de leurs ascendants, au bout de quelques générations, comme semblent l'indiquer des observations récentes ?* — Nous avons constaté sur les hybrides de *Linaria*, que ces formes bâtardes peuvent devenir très-fertiles et qu'un certain nombre d'individus reviennent, dès la seconde génération, à l'un et à l'autre de leurs deux types primitifs, lorsqu'ils végétent en compagnie de leurs parents et ce mouvement de retour se manifeste bien plus encore dans les générations suivantes. Le même fait a été conservé par M. Lecoq sur les hybrides fertiles de *Mirabilis ;* par M. Naudin sur les hybrides féconds des Tabacs ; par plusieurs observateurs sur le *Primula variabilis ;* enfin nous avons observé également, au jardin des plantes de Nancy, le même phénomène sur les hybrides des *Petunia violacea* et *nyctaginiflora*. Il est donc établi par ces faits que tous les hybrides fertiles, dont je viens de parler, éprouvent une tendance à revenir peu à peu et quelquefois brusquement, à l'un ou à l'autre de leurs types générateurs. Nous avons cherché plus haut à démontrer par des faits et par des expériences, que la réapparition des espèces génératrices au milieu des hybrides fertiles, due à l'influence du pollen des parents purs de tout mélange et aussi des hybrides à pollen très-fécond déjà revenus à l'un des types spécifiques. Ces faits semblent donc militer en faveur de cette opinion, que les hybrides ne peuvent pas, contrairement à l'opinion de Linné, former de nouveaux types permanents, de nouvelles espèces en un mot.

Cependant une exception à cette loi de retour des hybrides nous est fournie par l'*Ægilops speltæformis*. Les graines de cette plante, dégagées chaque année par la main de M. Fabre de leurs enveloppes entre lesquelles elles restent fixées et ensuite enfoncées en terre par lui, ont déjà donné vingt générations, sans que la plante ait varié d'une manière saillante. Il en a été de même, depuis quatre générations, des *Ægilops speltæformis* que j'ai obtenues à Nancy par une double fécondation artificielle et depuis deux générations dans une seconde série d'expériences.

Cet *Ægilops* semble donc constituer une race hybride permanente et paraît se comporter comme une véritable espèce. Comment expliquer cette déviation à la loi générale qui régit les hybrides? Est-elle due à une cause naturelle, où ne résulterait-elle pas, au contraire, d'une situation contre nature à laquelle cette plante aurait été soumise ? Examinons dans quelles conditions elle s'est produite. Qu'a fait M. Fabre des quelques graines recueillies par lui dans la campagne sur l'*Ægilops triticoïdes*? Il les a semées dans son jardin, situé au milieu de la ville d'Agde et parfaitement clos de murs : c'est là qu'il a propagé cet hybride, pendant vingt années. Il l'a donc isolé et soustrait ainsi au pollen de ses ascendants. L'atavisme ne l'a pas ramené à eux, et ce fait, quoique négatif, vient à l'appui de la doctrine que nous avons émise sur la cause du retour des hybrides fertiles à leurs types primordiaux. N'est-il pas vraisemblable, que nos hybrides fertiles de Linaires et de Tabacs qui, par suite de leur isolement dans nos manchons de tulle, n'ont pas éprouvé de variations apparentes pendant une génération, tandis que des pieds de même origine restés libres ont donné naissance à de nombreuses variétés, se maintiendraient à peu près invariables, en continuant à les placer dans les mêmes conditions et en les condamnant indéfiniment à se féconder par leur pollen propre? Or c'est là précisément ce qu'a fait M. Fabre avec l'*Ægilops speltæformis;* c'est ce que j'ai fait moi-même du même *Ægilops* fabriqué au jardin des plantes de Nancy, où j'ai eu peut-être le tort de le placer dans mon enclos d'expériences, loin de mes cultures de Blé. Mes précautions sont prises pour soumettre l'été prochain cet hybride fertile à l'action spontané du pollen du Blé comme je l'ai fait l'année dernière pour l'*Ægilops ovata*.

La constance de l'*Ægilops speltæformis* serait donc ici le résultat de l'intervention de l'homme qui l'a soustrait à l'action des causes naturelles de variations et de retour aux parents auxquelles il eut été exposé, si on l'avait abandonné à lui-même au milieu de ses ascendants.

Nous ajouterons, toutefois, qu'il est fort douteux pour nous, que l'*Ægilops speltæformis*, ainsi livré à lui-même sur le bord des champs de Blé, non-seulement puisse se maintenir longtemps avec ou sans nouvelles fécondations par le pollen des parents, mais qu'il puisse être rencontré à l'état sauvage, si ce n'est exceptionnellement (1). Il est de fait qu'il ne l'a jamais été à Agde, dans les localités où l'on trouve tous les ans l'*Ægilops triticoïdes* et où l'œil observateur de M. Fabre aurait dû le rencontrer, pendant la longue période qui s'est écoulée depuis la découverte des graines qui lui ont donné naissance. Or, on sait que les graines qu'on trouve accidentellement sur l'*Ægilops triticoïdes*, de même que celles de l'*Ægilops speltæ-*

(1) Il l'a été en Sicile, suivant M. Cosson (*Bulletin de la Société botanique de France*, t. 6, p. 221).

*formis*, ne s'échappent pas, à la maturité de leurs glumelles, que l'épi de ces deux plantes, rompu naturellement à sa base, tombe tout d'une pièce sur le sol, ne se désagrège pas, ne se désarticule pas en tronçons comme cela a lieu chez beaucoup d'*Ægilops* (1) ; que cet épi ne possède pas non plus l'appareil si ingénieux que j'ai décrit dans un autre mémoire (2) et au moyen duquel les épis des *Ægilops ovata* et *triaristata* se plantent eux-même si facilement dans le sol. L'épi d'*Ægilops speltæformis*, après sa chute, reste étendu sur le sol et ses barbes, en s'étalant un peu, écartent ses graines du sol ; il y a là une difficulté bien

(1) On m'objectera peut-être qu'il en est de même de nos Orges cultivés et notammment de l'Orge distique, dont l'épi ne se désagrège pas et, qui plus est, reste au sommet du chaume et qui cependant, a dû se propager à l'état sauvage avant d'être cultivé. Mais on sait aussi qu'abandonnée à elle-même, cette céréale disparaît bientôt. Une découverte de M. Kotschy nous explique cette anomalie ; il a recueilli l'Orge distique sauvage en Orient, et l'a publié, sous le n° 290, dans sa collection de plantes sèches de la Perse méridionale. Il ne diffère pas par la forme de ses organes de l'Orge distique cultivé, mais son épi est extrèmement fragile, comme celui de toutes les espèces d'Orges sauvages. Ledebour (*Fl. rossica*, t. 4, p. 527) a vu plusieurs fois, au milieu des champs d'Orge distique, des pieds dont l'épi se brisait spontanément avec facilité et c'est là un exemple remarquable des effets de l'atavisme. Les Graminées, dont les épis ne se désagrègent pas, se propagent donc difficilement sans les soins de l'homme et finissent par disparaître bientôt.

(2) *Quelques notes sur la Flore de Montpellier*, dans les Mémoires de la Société d'Émulation du Doubs, pour 1854.

réelle pour la propagation de cette plante, comme l'indiquent les considérations précédentes et comme le démontrent les faits suivants. A la fin de l'été 1859, au moment de la chute des épis, quelques-uns ont été abandonnés sur un sol inculte, d'autres sur un sol meuble et labouré préalablement. Leurs graines n'ont pas germé, malgré les pluies d'automne, les neiges de l'hiver et les averses du printemps, mais ces mêmes épis, mis en expérience, ayant été, à la fin de mai, enfoncés par moi dans le sol, l'embryon s'est réveillé et a bientôt poussé ses premières feuilles. L'expérience a aussi été renouvelée au commencement de février 1861 et dans les mêmes conditions que la précédente ; les résultats ont été semblables. Cependant, pendant les mêmes années, les *Ægilops ovata, ventricosa, triaristata* et *triuncialis* se sont propagés spontanément dans la même plate bande, où les épis d'*Ægilops speltæformis* avaient été abandonnés à eux-mêmes. Je ne puis toutefois passer sous silence un autre fait, qui montre que dans certains cas l'obstacle qui s'oppose à la germination peut être accidentellement vaincu. Au commencement de septembre 1861, j'ai recueilli moi-même un certain nombre d'épis murs d'*Ægilops speltæformis* et quelques-uns des épis déjà tombés à terre ont été foulés aux pieds et pressés contre le sol ; d'autres épis n'ont pas subi cette pression, mais des pluies torrentielles étant survenues depuis ont projeté la terre meuble autour de ces épis qui se sont trouvés ainsi enterrés, en partie, les graines ont germé et aujourd'hui (14 novembre 1861), continuent à se développer normalement (1). Ainsi donc, il faut des conditions exceptionnelles, indépendantes de la nature même de cette plante, pour que la germination de ses graines devienne possible. Si ces circonstances accidentelles ne se produisent pas, tous les ans, aux époques favorables, leur absence une année ou l'autre doit donc mettre nécessairement un terme à la propagation de cet hybride qui est annuel.

L'*Ægilops speltæformis* ne se comporte donc pas comme une véritable espèce, en raison des difficultés que présente sa propagation, bien qu'il soit très-fertile. Nous ajouterons que, s'il devient très-fertile, il l'est peu à sa première génération, et mes observations, deux fois répétées, concordent entièrement sur ce point avec celles de M. Fabre, ce qui distingue encore très-nettement ce végétal des espèces légitimes ; jusqu'ici, enfin, sa propagation et la permanence de ses caractères, ont été le résultat de l'intervention et des soins de l'homme. Mais abandonné à lui-même l'*Ægi-*

---

(1) Deux de ces épis seulement, enfoncés plus complétement dans le sol par la pression du talon de ma chaussure, ont seuls continué leur évolution normale, ont fleuri et fructifié en 1862 ; les autres pieds, déchaussés à leur base, se sont tous desséchés au printemps. (*Note ajoutée en* 1862.)

*tops speltæformis* est destiné à périr ; les lois physiologiques qui régissent l'espèce, reprennent ici leurs droits, lorsque leur action n'est plus troublée par une influence perturbatrice. L'hybridité n'en reste pas moins un des moyens les plus précieux, pour reconnaître ce qui est espèce et le distinguer de ce qui ne l'est pas.

L'hybridité peut également, dans certains cas, fournir des indications importantes sur la délimitation des genres, comme le pense M. Flourens, pour le règne animal. Mais cette question n'est pas posée par le programme. Je l'ai, du reste, longuement traitée dans mon ouvrage sur *l'espèce et les races dans les êtres organisés*, publié en 1859 (t. 1, p. 225 à 236) ; j'y ai discuté tous les exemples à moi connus, d'hybrides qu'on dit avoir obtenus entre espèces de genres différents et j'ai cherché à démontrer que tous les faits authentiques de cet ordre sont fournis par des genres artificiels et que la nature désavoue.

*Conclusions.* — De tous les faits exposés dans ce mémoire, je crois pouvoir tirer les conclusions suivantes :

Les hybrides simples, provenant d'espèces incontestablement distinctes, sont stériles par eux-mêmes et cette stérilité paraît due plus spécialement à l'absence ou à l'impuissance du pollen.

Ils ne deviennent féconds que par l'effet d'une seconde fécondation par un pollen légitime, soit qu'il provienne de l'un des parents, soit d'une espèce congénère. Cette fécondité, d'abord restreinte, devient ensuite complète.

C'est sous l'influence du pollen de l'un des parents, une ou plusieurs fois renouvelée, que les hybrides fertiles reviennent à l'un des types générateurs.

C'est aussi, non pas exclusivement, mais principalement à l'influence de la fécondation réciproque des produits hybrides fertiles, qu'est dû le nombre considérable des variétés qui en naissent.

Les hybrides féconds ne peuvent conserver leurs caractères, pendant plusieurs générations, que si chaque forme obtenue est soustraite par l'isolement à l'action du pollen des parents fertiles à tous les degrés de croisement ; mais ce fait exceptionnel ne s'est produit jusqu'ici, que par la l'intervention perturbatrice de l'homme.

Enfin, on peut déduire aussi de tous les faits exposés :

1° Que la fécondité absolue, dès la première génération, caractérise les métis de deux races ou de deux variétés d'une même espèce ;

2° Que la stérilité des hybrides simples, isolés de leurs parents, est la preuve qu'ils proviennent de deux espèces distinctes ;

3° Que l'hybridité n'est pas possible entre deux espèces de genres *naturels* différents.

L'hybridité fournit donc les moyens de reconnaître les races ou les variétés d'un même type organique, de circonscrire les espèces et souvent de limiter les genres naturels.